JN006062

― 増補愛蔵版 ―

美しい
アンティーク鉱物画の本
THE BOOK OF BEAUTIFUL ANTIQUE MINERAL PRINTS

山田英春
❖編❖

創元社

はじめに

本書に収録している図版は19世紀初頭から1930年代、主には世紀の転換期に刊行された書籍からとられたものだ。この時代に多く刊行された博物学書、図鑑、百科事典などは、銅版画・石版画に手彩色されたものや、多色石版印刷で刷られた美しいカラー図版の宝庫だ。本書は鑑賞用としての鉱物画という観点に立ち、代表的な書物から鉱物画の秀作を厳選して収録している。

現在、多くのカラー印刷は原画を藍・赤・黄の三原色＋黒の4色に分解し、4色のインクのかけ合わせで多色表現を行っている。版は規則的に並んだ網点の大きさで濃淡を表現する網点スクリーンで作られ、版から直接紙に刷るのではなく、ゴムなどでできた中間転写体を介して刷る「オフセット印刷」が一般的だ。だが、本書掲載の図版の多くは、こうした技術が開発される前に刷られたものだ。

19世紀後半まで、印刷における多色表現は単色の木版画、銅版画に手彩色を施すのが一般的で、オーデュボンの『アメリカの鳥類』（1827-1838）などの美麗な博物画も全て手彩色によるものだった。ただ、この手法は精細な表現をしようとすると、制作に多大な時間と費用を要したため量産が困難だった。（435枚の図版を収録した『アメリカの鳥類』には、現在の貨幣価値で2億円もの製作費が費やされたと言われている。）

19世紀後半に石版印刷による多色刷り＝クロモリトグラフの技術が開発されると、印刷の効率性、表現力は一気に高まる。石版画は石灰岩を研磨した面に直接絵をかく、あるいは原画を転写することで版が作れたので、版を彫る高度な熟練技術を要さず、版の耐久性も上がったため、19世紀末には、ポスターなどの商業印刷に多用された。書籍の世界でも、当時高まりつつあった中流階級の知識欲とも合致して、カラー図版が多く入った図鑑、事典などが様々に作られた。

クロモリトグラフは最大20数色まで重ね刷りができ、絵画に近い精細で重厚な表現が可能だった。ただ、やはり熟練工の経験に頼る面も大きく、図版の多い本は印刷に数ヶ月かかることもあったため、より大量の印刷物を低コスト・短時間で作成する技術が求められ、1920年代くらいから、現在と同じ4色かけ合わせによるカラー印刷に置き換わっていく。ただ、4色で表現できる色域は限られており、当初は網点も粗かったため、手彩色や十数色を使ったクロモリトグラフ印刷に比べて、精細さ、色彩表現の面では後退した感があった。現在でも銅版画に手彩色、またはクロモリトグラフによる印刷図版が人気があるのは、絵そのものが魅力的であるのと同時に、現在の印刷物にはない色彩の幅と質感をもっているからでもある。

＊本書の図版の掲載順序は編年的ではなく、鉱物の種類、産地などは網羅的でない。また、図版説明は、原書の表記に依拠しつつ、鉱物名と産地のみを表示している。

＊100年以上前の本が多いため、現在では使われない鉱物名、地名などが多く、これは現在一般的な名称、現在の地名におきかえている。

＊原著が宝石に関する書物の場合、鉱物名ではなく宝石名で表示されているものが多いが、なるべくそれを活かしつつ、必要と思われる場合は鉱物名も併記した。同じ鉱物でも図版によって表記が不統一になっているところがあるのはこうした理由による。

＊図版説明文では、アメリカを米、ドイツを独、フランスを仏、ロシアを露、オーストラリアを豪と略記している。また、カット・研磨されたものは「カット」「研磨」と付記している。

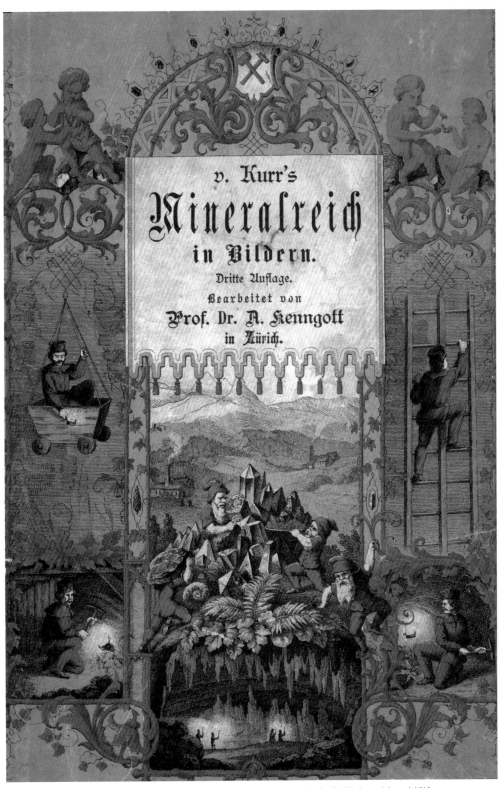

Johann Gottlob von Kurr, *Das Mineralreich in Bildern*（54-58頁参照）第3版（1878年）の表紙絵。

Ruby 11. Sapphire 16. B
12. Topaz 18. Tourmaline
14. Diamond 19. Garnet 20. O

Gesteinsbildende Minera

4.

Kalisalzbergwer
bei bestehend,
olle Farbe

132. Prehnit

1. Freie Kristallgruppe.　2. Eingewachsene Kristalle.　3. Aufgewachsene Krista

7. Aufgewachsene Kristalle. Druse.　8. Gestrickte Kristalle.　9. Plattiges Minera

13. Körnige Gesteinsstruktur.　14. Porphyrartige Struktur.　15. Porphyrstruktur.

19. Gneisstruktur.　20. Breccie.　21. Konglomerat.

Meyers Konv.-Lexikon, 6.Aufl.　Bibliog

6-9頁 *Meyers Konversations-Lexikon*（マイヤー百科事典）Bibliographisches Institut, Leipzig, Germany, 1885-1920
第6版（1902-1908）より「鉱物と岩石」、1. 単独の鉱物結晶　2. 岩石内部に成長した結晶　3. 数種の鉱物結晶の混在　4. 柱状結晶の集合　5. 結晶の粒状集合　6. 樹枝状の結晶　7. 晶洞中に成長した結晶　8. 網目状の連晶　9. 板状の鉱物　10. 腎臓状の塊　11. 岩石中に点在している鉱物　12. 瑪瑙の団塊

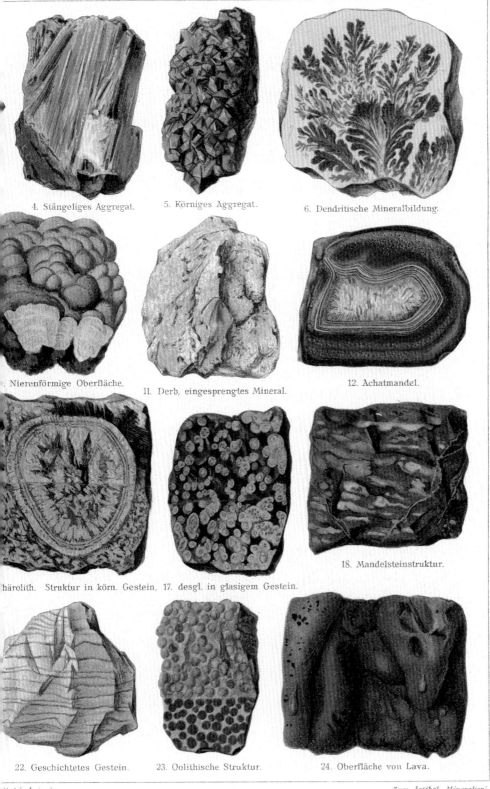

4. Stängeliges Aggregat.   5. Körniges Aggregat.   6. Dendritische Mineralbildung.

. Nierenförmige Oberfläche.   11. Derb, eingesprengtes Mineral.   12. Achatmandel.

härolith. Struktur in körn. Gestein.   17. desgl. in glasigem Gestein.

18. Mandelsteinstruktur.

22. Geschichtetes Gestein.   23. Oolithische Struktur.   24. Oberfläche von Lava.

Zum Artikel „Mineralien".

13. 等粒状組織をもつ岩石　14. 斑状組織をもつ岩石（粒子の大きなもの）　15. 斑状組織をもつ岩石（粒子の細かいもの）　16. 岩石中の球状構造
17. ガラス質岩石中の球顆状構造　18. 杏仁状組織の岩石　19. 片麻状組織の岩石　20. 角礫状構造の岩石　21. 丸い礫をふくむ岩石
22. 葉理状の構造をもつ岩石　23. 魚卵状の構造をもつ岩石　24. 溶岩の表面の形状

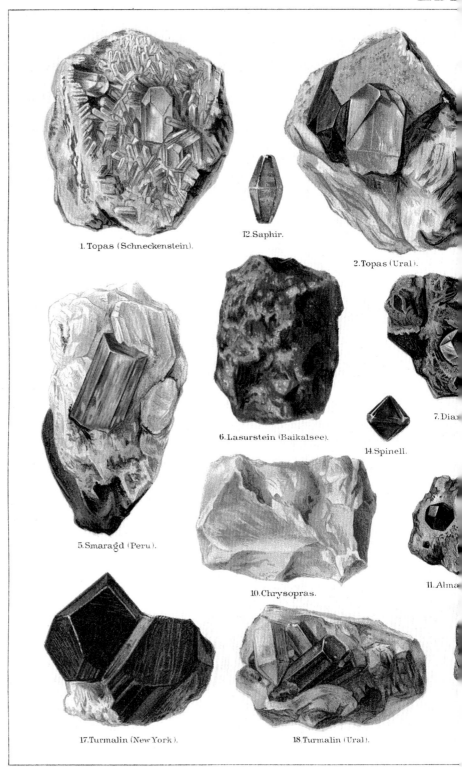

12.Saphir.

1.Topas (Schneckenstein).

2.Topas (Ural).

6.Lasurstein (Baikalsee).

7.Dia

14.Spinell.

5.Smaragd (Peru).

10.Chrysopras.

11.Alma

17.Turmalin (New York).

18.Turmalin (Ural).

Meyers Konv.-Lexikon, 4 Aufl.

Bibliograph

第4版(1885-1890)より「宝石」、 1. トパーズ(Schneckenstein, 独) 2. トパーズ(Ural, 露) 3. トパーズ 4. 紫水晶 5. エメラルド（ペルー） 6. 藍銅鉱(Baikal, 露) 7. ダイヤモンド 8. トルコ石 9. オパール 10. クリソプレーズ 11. 鉄礬柘榴石 12. サファイア 13. ルビー 14. スピネル

3 Topas.

13.Rubin.

4.Amethyst.

8.Türkis.

.cinth.

16.Granat.

9.Opal.

beryll (Ural).

20.Aquamarin (Ural).

21.Heliotrop.

at in Leipzig.

Zum Artikel »Edelsteine«.

15. ジルコン（ヒヤシンス鉱）　16. 柘榴石　17. トルマリン（New York, 米）　18. トルマリン（Ural, 露）　19. 金緑石（クリソベリル、Ural, 露）　20. アクアマリン（Ural, 露）21. ヘリオトロープ（ジャスパー）

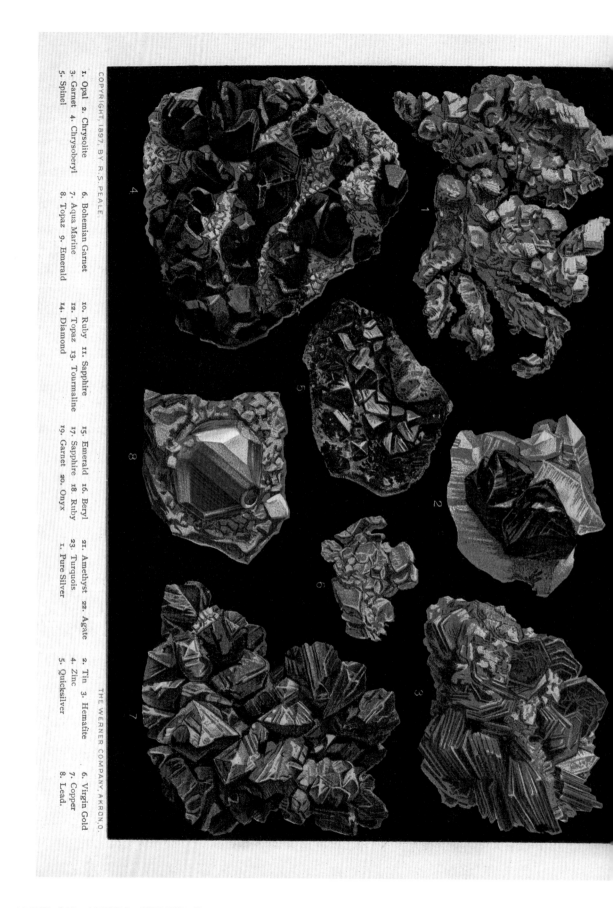

COPYRIGHT 1897, BY R.S.PEALE.

THE WERNER COMPANY, AKRON, O.

1. Opal 2. Chrysolite
3. Garnet 4. Chrysoberyl
5. Spinel

6. Bohemian Garnet
7. Aqua Marine
8. Topaz 9. Emerald

10. Ruby 11. Sapphire
12. Topaz 13. Tourmaline
14. Diamond

15. Emerald 16. Beryl
17. Sapphire 18. Ruby
19. Garnet 20. Onyx

21. Amethyst 22. Agate
23. Turquois
1. Pure Silver

2. Tin 3. Hematite
4. Zinc
5. Quicksilver

6. Virgin Gold
7. Copper
8. Lead.

10-11頁 ブリタニカ百科事典の米版海賊版に付属していた図版 Richard S. Pearle & Co., Chicago, USA, 1897.
（上半分）1. オパール　2. クリソライト　3. ガーネット　4. クリソベリル　5. スピネル　6. ボヘミアン・ガーネット　7. アクアマリン　8. トパーズ

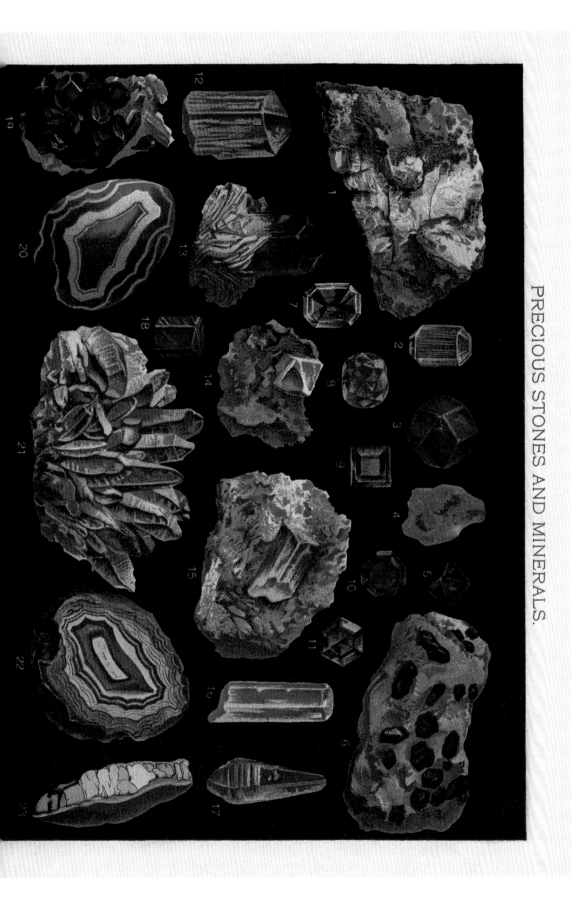

PRECIOUS STONES AND MINERALS.

MINÉRAUX

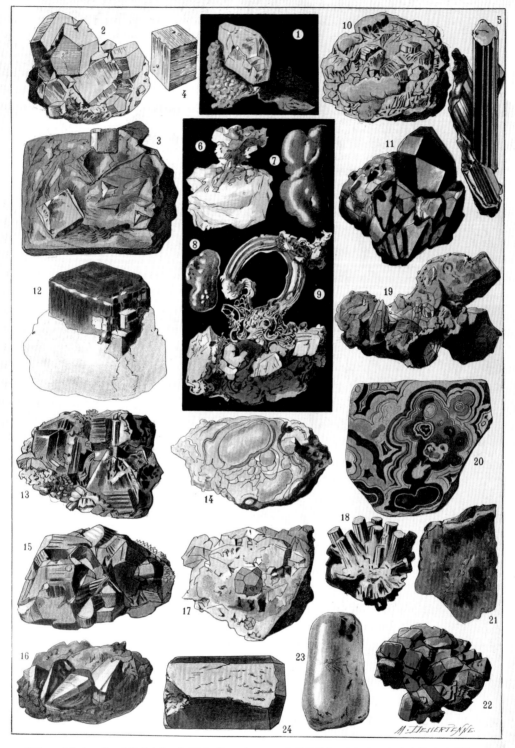

MINÉRAUX : 1. Soufre natif. — 2. Pyrite de fer sulfuré (dodécaèdres pentagonaux). — 3 et 4. Pyrite jaune (cubes incrustés et cube libre). — 5. Stibine ou antimoine sulfuré. — 6. Quartz aurifère. — 7. Pépite d'or natif. — 8. Pépite de platine natif. — 9. Argent natif. — 10. Myspickel ou arsénopyrite. — 11. Fer oligiste. — 12. Sidérose ou fer carbonaté. — 13. Blende ou zinc sulfuré. — 14. Smithsonite ou zinc carbonaté. — 15. Galène ou plomb sulfuré. — 16. Cassitérite ou étain oxydé. — 17. Chalcopyrite ou pyrite de cuivre. — 18. Acerdèse ou manganite. — 19. Cuivre natif. — 20. Malachite ou cuivre carbonaté. — 21. Cinabre ou mercure sulfuré. — 22. Azurite de Chessy. — 23. Ambre jaune contenant un insecte fossile. — 24. Graphite.

12-13頁 *Le Larousse pour tous : nouveau dictionnaire encyclopédique*（ラルース百科事典）Librairie Larousse, Paris, 1907-1910.

1.自然硫黄　2.黄鉄鉱（五角十二面体）3, 4. 黄鉄鉱（母岩中に埋まった複数の結晶と、単体のキューブ状結晶）5.輝安鉱　6.自然金と石英　7.自然金のナゲット　8.自然白金のナゲット　9.自然銀　10.硫砒鉄鉱　11.赤鉄鉱　12.炭酸鉄　13.閃亜鉛鉱　14.菱亜鉛鉱　15.方鉛鉱　16.錫石　17.黄銅鉱　18.水マンガン鉱　19.自然銅　20.孔雀石　21.辰砂　22.藍銅石（Chessy産）23.虫入り琥珀　24.グラファイト

MINÉRAUX

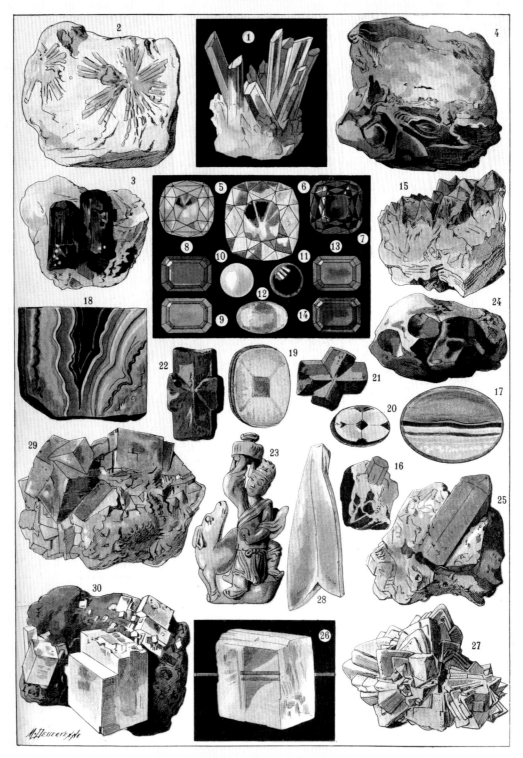

MINÉRAUX : 1. Quartz hyalin ou cristal de roche — 2. Rubellite ou tourmaline rose. — 3. Tourmaline noire. — 4. Opale d'Australie. — Pierres précieuses taill
ou polies : 5. Diamant jaune ; 6. Diamant blanc ; 7. Diamant bleu ; 8. Saphir ; 9. Topaze ; 10. Turquoise ; 11. Rubis ; 12. Opale ; 13. Émeraude orientale ; 14. Améthy
orientale. — 15. Quartz améthyste. — 16. Béryl ou émeraude de Limoges. — 17. Onyx. — 18. Agate. — 19 et 20. Chiastolite ou macle. — 21 et 22. Staurotide
pierre de croix. — 23. Statuette en pagodite. — 24. Almandine ou grenat oriental. — 25. Apatite. — 26. Calcite pure ou spath d'Islande, avec effet de double réfraction
27. Grès rhomboédrique ou calcite dite « de Bellecroix ». — 28. Gypse en fer de lance. — 29. Fluorine violette. — 30. Sel gemme.

1. 水晶　2.ルベライト（ピンク・トルマリン）3.黒トルマリン　4.オーストラリア・オパール　5.イエロー・ダイヤモンド　6.ブラック・ダイヤモンド　7.ブルー・ダイヤモンド　8.サファイア　9.トパーズ　10.トルコ石　11.ルビー　12.オパール　13.グリーンサファイア　14.パープルサファイア　15.紫水晶　16.緑柱石（リモージュ・エメラルド）17.オニキス　18.瑪瑙　19, 20. 空晶石（キャストライト）　21, 22.十字石　23.ろう石の彫像　24.鉄礬柘榴石　25.燐灰石　26.氷州石（アイスランドスパー）27.ベルクロワの方解石　28.石膏（矢羽状）29.紫蛍石　30.岩塩

14-21頁 Hans Kraemer, _Der Mensch und die Erde_（人間と地球） Deutsches Verlagshaus Bong & Co., Berlin, Germany,（1906-1913）
1. 辰砂（方解石の結晶入り　Carniola, スロベニア）　2. 孔雀石（研磨　Ural, 露）　3. 錫石（Horní Slavkov, チェコ）　4. 硫砒鉄鉱（Altenberg, Steiermark,
オーストリア）　5. コバルト (Tunaberg, スウェーデン)　6. 水マンガン鉱 (Ilfeld, Harz, 独)　7. 輝安鉱（四国、日本）　8. 褐鉄鉱 (Delémont, スイス)
9. 褐鉄鉱の鍾乳状結晶 (Daaden, 独)　10. 水マンガン鉱 (Pfitscherjoch-Haus, Tirol, オーストリア)　11. 黄鉛鉱 (Noma City, Arizona, 米)

12. スミソナイト（Sierra de Cartagena, Murcia, スペイン）　13. 藍銅鉱（Chessy, Lyon 近郊, 仏）　14. 紅砒ニッケル鉱とニッケル華（Richelsdorf, 独）
15. 硫黄（Cabernardi, Sassoferrato, Ancona, Marche, 伊）　16. 蛍石（Weardale, Durham, 英）　17. 蛍石（Annaberg-Buchholz, Sachsen, 独）　18. 燐灰石
（Greifensteine, Ehrenfriedersdorf, 独）　19. 重晶石（Marlborough, Frizington, Cumberland, 英）

1. 砂金塊（Alaska, 米）　2. 自然銀（Silver Islet Mine, Lake Superor, カナダ）　3. 自然銀（Wittichen, Hessen, 独）　4. 砂白金（Nischne Tagilsk, Ural, 露）
5. 自然銅（Eagle Harbor, Lake Superior, Michigan, 米）6. 黄銅鉱（Lancelot Mine, Herberton, Queensland, 豪）7. 重晶石の上の黄銅鉱の結晶（Freiberg,
Sachsen, 独）　8. 斑銅鉱（豪）　9. 石英の上の閃亜鉛鉱とアンケライト（Vyhne, スロヴァキア）　10. 閃亜鉛鉱（Picos de Europa, Asturias, スペイン）

11. 閃亜鉛鉱　12. 方鉛鉱と菱鉄鉱（Neudorf, Harz, 独）　13. 四面銅鉱と黄銅鉱にコーティングされた菱鉄鉱（Alter Segen, Clausthal-Zellerfeld, Harz, 独）
14. 濃紅銀鉱（Sankt Andreasberg, Harz, 独）　15. 自然砒（Sankt Andreasberg, Harz, 独）　16. 赤鉄鉱（Rio Marina, Isola d'Elba, Livorno, 伊）　17. 黄鉄
鉱（Tavistock, Devonshire, 英）　18. 黄鉄鉱（Rio Marina, Isola d'Elba, Livorno, 伊）　19. 白金（Osek, チェコ）

1. カーナライト（Kalisalzbergwerk, Staßfurt, 独）　2. カーナライト（Vienenburg, Harz, 独）　3. 岩塩（Asse, Braunschweig 近郊, 独）　4. 石膏（Orford, 英）　5. 石膏（Montmartre, Paris, 仏）　6. 岩塩の中で成長した硬石膏（Schönebeck, Elbe, 独）　7. あられ石の「豆石」（Karlovy Vary の温泉で出来たもの、チェコ）　8. あられ石（Bílina, チェコ）　9. 方解石（Derbyshire, 英）　10. 正長石（Karkonosze, チェコ）　11. ラブラドライト（斜長石）

12. 水晶 (Maderanertal, スイス) 13. ペグマタイトの中の雲母 14. 普通角閃石 (チェコ) 15. 普通輝石 (Monte Vulture, 伊) 16. リューサイト (溶岩の中の Boscoreale, 伊) 17. 柘榴石 (Bodø, ノルウェー) 18. 滑石片岩の中の藍晶石 (カヤナイト Ticino, スイス) 19. 緑簾石 (Knappenwand, オーストリア) 20. 重十字沸石 (Sankt Andreasberg, Harz, 独) 21. 蛇紋岩 (シレジア地方) 22. アガルマトライト (中国)

1. エメラルド（コロンビア）　2. ルビー（ヒマラヤ山脈）　3. エメラルドグリーンのトルマリン（ベルデライト・トルマリン　ブラジル）　4. トルマリン（バイカラー　Ural, 露）　5. トルマリン（カット面、バイカラー　ブラジル）　6, 7. ノーブル・オパール（豪）

8. 紫水晶（Lake Superior, 米またはカナダ）　9. ルチル（金紅石）入りの水晶、（Piedmont, 伊）　10. トルマリン（黄緑　ブラジル）　11. 亜塩素酸塩のインクルージョンのある水晶（Mursinka, Ural, 露）

I.

22-37頁 Gustav Adolf Sauer, *Mineralkunde* **（鉱物学）** Franckh'sche Verlagshandlung , Stuttgart, Germany, 1906
1. ダイヤモンド（スリランカ）　2. 石墨（スリランカ）3. 人造黒鉛（Königsbronn, Baden-Württemberg, 独）　4, 5. 自然硫黄（Agrigento, Sicilia, 伊）　6. 自然砒（Clausthal, Niedersachsen, 独）　7. 自然アンチモニー（Dauphiné, 仏）　8. 自然蒼鉛（Schneeberg, Sachsen, 独）　9. 鶏冠石（Banská Bystrica, スロヴァキア）　10. 雄黄（Cavnic, ルーマニア）　11. 輝安鉱（日本）12. 輝水鉛鉱（Altenberg, Sachsen, 独）

Taf. XVI.

1. ジルコン（Miass, Ural, 露）　2. ノーブル・ジルコン（Laacher See, Rheinland-Pfalz, 独）　3, 4. 金紅石（Tirol, スイス）　5. 金紅石（Col du Saint-Gothard, スイス）　6. 鋭錐石（Piz Aul, スイス）　7. 錫石（Altenberg, Sachsen, 独）8. 紅柱石（Lusens, Tyrol, オーストリア）9. 空晶石（断面　Bretagne, 仏）10. 空晶石（頁岩の中の結晶　Gefrees, Fichtelgebirge, 独）11. 藍晶石（Faido, Tessin, スイス）12. 藍晶石（Røros, ノルウェー）13-16. 十字石（Georgia, 米）17. 変成岩の中の十字石（茶色）と藍晶石（青）の結晶（Faido, Tessin, スイス）18, 19. トパーズ（ブラジル）20. カットされたトパーズ　21. 黄色いトパーズの結晶（Erzgebirge, Sachsen, 独）22. 岩石中の無色のトパーズの脈　23. グレーのトパーズ（Zinnwald-Georgenfeld, 独）24. トルマリン（Modum, ノルウェー）

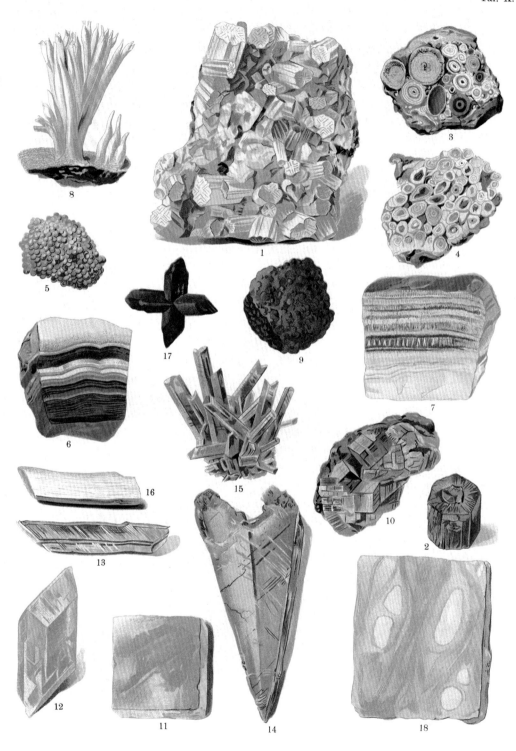

1. あられ石（Agrigento, Sicilia, 伊）　2. あられ石（双晶　Bastennes, Landes, 仏）　3-4. あられ石（豆状の結晶が固まったもの　Karlovy Varyの温泉　チェコ）　5. あられ石（魚卵状　Karlovy Vary, チェコ）　6-7. あられ石（層状　Karlovy Varyの温泉　チェコ）　8. あられ石（サンゴ状　Styria, オーストリア）
9. あられ石（魚卵状　北独）　10. 硬石膏（Hallein, オーストリア）　11. 硬石膏（Sulz am Neckar, Baden-Württemberg, 独）　12. 石膏（Hall, Tirol, オーストリア）　13. 石膏（双晶　Friedrichroda, Thüringen, 独）　14. 石膏（やじり型双晶　Paris, 仏）　15. 石膏（燕尾式双晶　Berchtesgaden, Bayern, 独）　16. 繊維石膏（Stuttgart近郊, 独）　17. 石膏（砂岩中の　サハラ砂漠）　18. 雪花石膏（Toscana, 伊）

1-7. 瑪瑙（カット・研磨）　8. ハイアライト（San Luis Potosí, メキシコ）　9. ノーブル・オパール（Querétaro, メキシコ）　10. ノーブル・オパール（Queensland, 豪）　11. 緑色のオパール（Moravia 地方、チェコ）　12. オパール（Kozmice, チェコ）　13. ジャスパー・オパール（ハンガリー、もしくはスロヴァキア）14. オパール化した珪化木（ハンガリー、もしくはスロヴァキア）　15. オパール化した珪化木（Galicia, スペイン）　16. オパール（温泉中に生成したもの Moravia 地方、チェコ）

Taf. XIII.

1. 水晶（Herkimer, New York, 米）　2. 水晶（Dau-phiné, 仏）　3. 水晶（カット）　4. 紫水晶（Mursinska, Ural, 露）　5. 紫水晶（加工）　6. 煙水晶（Tujetsch, スイス）　7. 煙水晶　8. 煙水晶（カット）　9. 煙水晶（Pforzheim, 独）　10. 煙水晶（Göscheneralp, スイス）11. 鉄水晶（「コンポステラのヒヤシンス」　スペイン）12. 水晶（乳白色 Schwarzwald, 独）13. 水晶（緑泥石を含む　Aare 河岸, Berner Oberland, スイス）14. 水晶（針状の金紅石、トリマリンの結晶を含む　Saint-Gothard, スイス）15. アベンチュリン（赤鉄鉱を含む水晶　カット　Ural, 露）16. 緑水晶（緑閃石を含む　Breitenbrunn, Fichtelgebirge, 独）17. キャッツアイ（Hof, Fichtelgebirge, 独）18. キャッツアイ（カット　Wolkenstein, Erzgebirge, 独）19-21. タイガーアイ（19が原石、20は研磨品、21は球状に加工　南アフリカ）22. ローズクォーツ（Zwiesel, Bayerischer Wald, 独）23. 紫水晶（層状の構造　Wolkenstein, Erzgebirge, 独）

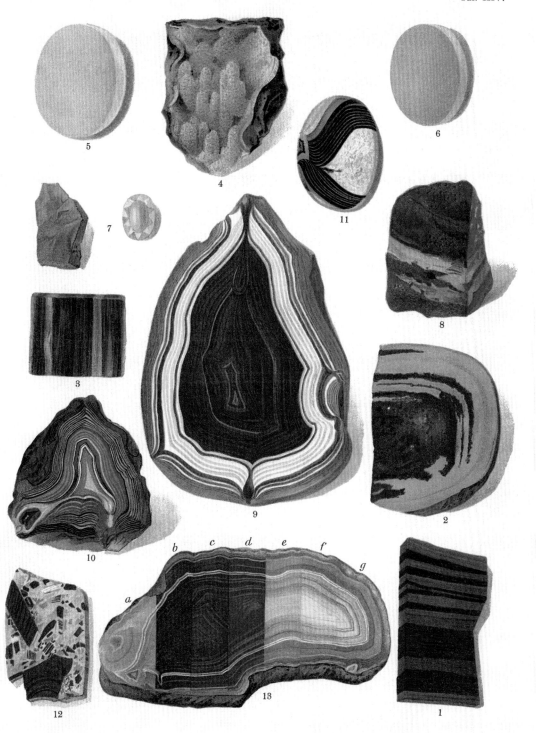

1. ジャスパー（縞模様　Siberia, 露）　2. ジャスパー（団塊状　Schliengen近郊, 独）　3. 珪化木（ナンヨウスギ、研磨）　4. 玉髄（鍾乳状　Naila, Frankenwald, 独）　5. 玉髄（乳白色・半透明、研磨）　6, 7. クリソプレーズ（原石、カット品、研磨品　Silesia, ポーランドまたはチェコ）　8. ブラッドストーン（インド）　9, 10. 瑪瑙（団塊状　ブラジル）11. 瑪瑙（砕けた瑪瑙の欠片が再び石英質で一体化したもの）　12. 着色された瑪瑙　13. 様々な染料によって染められた縞瑪瑙　〈＊編者注：おそらく11番と12番は説明が入れ替わっていると思われる〉

1. 苦灰石(Traversella, Piedmont, 伊)　2. 苦灰石(Greiner, Tyrol, オーストリア)　3. 毒重石(Alston, Cumberland, 英)　4. 重晶石　5. 重晶石(Felsőbánya, ルーマニア)　6. 重晶石(黄土色の水晶の上にバラ状の結晶　Freiberg, Sachsen, 独)　7. 重晶石(細かい黄鉄鉱の結晶が散っている　Sankt Andreasberg, Harz, 独)　8. 重晶石(板状の重晶石を赤鉄鉱がコーティング　Schwarzwald, 独)　9. 天青石(Agrigento, Sicilia, 伊)　10. 天青石(Dornburg, Jena近郊, 独)　11. 金緑石 (Taganaï, Ural, 露)　12. 緑柱石 (Rabenstein, Zwiesel, 独)　13. エメラルド (Ural, 露)　14. エメラルド (Pinzgau, Tyrol, オーストリア)

1. トルマリン（Bamble, ノルウェー）　2, 3. トルマリン（バイカラー）　4. トルマリン（赤　San Diego, California, 米）　5. トルマリン（黒　Schwarzwald, 独）
6. トルマリン（黒　Moravia、チェコ）　7. トルマリン（黒　Kinzig近郊, Schwarzwald, 独）　8. ベスブ石（Wilui, Syberia, 露）　9. ベスブ石（Ala, Piedmont,
伊）　10. ベスブ石（Ecker, ノルウェー）　11. ベスブ石（Hazlov, チェコ）　12. 菫青石（Auvergne, 仏）　13. 菫青石（Tvedestrand, ノルウェー）　14. 菫青石（長
石、石英、柘榴石と　Bodenmais, Bayern, 独）　15. 緑簾石（石綿の結晶とともに　Knappenwand, Pinzgau, オーストリア）　16, 17. 緑簾石（Knappenwand,
Pinzgau, オーストリア）　18. 緑簾石（Dauphiné, 仏）　19. 緑簾石（花崗岩中の脈　スウェーデン）　20. ぶどう石（Paterson, New Jersey, 米）

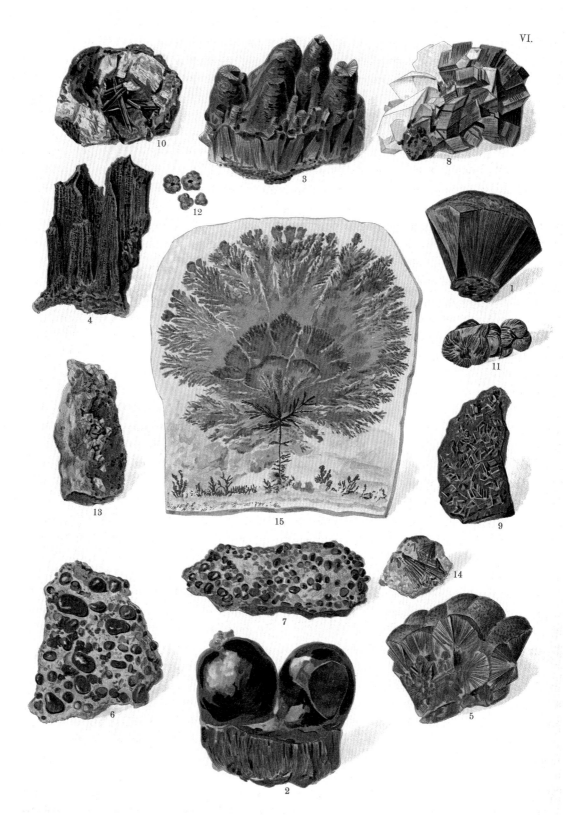

1. 赤鉄鉱（Zorge, Harz, 独）　2. 褐鉄鉱（Neuenburg am Rhein, Schwarzwald, 独）　3, 4. 褐鉄鉱（Siegen 近郊, Nordrhein-Westfalen, 独）　5. 針鉄鉱（Ilmenau,Thüringen, 独）　6, 7. 褐鉄鉱（Schwäbische Alb, Baden-Württemberg, 独）　8. 菱鉄鉱（Neudorf, Harz, 独）　9. 磁硫鉄鉱（Schneeberg, Tyrol, オーストリア）　10. ラン鉄鉱（Truro, Cornwall, 英）　11. ラン鉄鉱（Weckesheim 鉱山, Wetterau, 独）　12. ラン鉄鉱（Ziegelhausen, Heidelberg 近郊, 独）　13. スコロド石（Schwarzenberg, Erzgebirge, 独）　14. コバルト華（Schneeberg, Erzgebirge, 独）　15. 石灰岩の頁岩にできた鉄（茶）とマンガン（黒）の樹枝状結晶（しのぶ石　Solnhofen, 独）

1. 自然銅（Cornwall, 英）　2. 自然銅（Siberia, 露）　3. 赤銅鉱（Chessy, Lyon近郊, 仏）　4. 輝銅鉱（Cornwall, 英）　5. 輝銅鉱（Frankenberg, Hessen, 独）
6. 黄銅鉱（Cornwall, 英）　7. 黄銅鉱（Falun, スウェーデン）　8. 銅鉱石（黄銅鉱・赤鉄鉱・孔雀石を含む　Schwarzwald, 独）　9. 孔雀石（Siberia, 露）
10. 孔雀石（表面研磨　Ural, 露）　11. 孔雀石（切断・研磨　Ural, 露）　12. 藍銅鉱（Chessy, Lyon近郊, 仏）　13. 藍銅鉱（孔雀石の結晶と　Chessy, Lyon近
郊, 仏）　14. アタカマ石（Burra-Burra鉱山, ニュージーランド）

1. 正長石と黄褐色の水晶(Saint-Gotthard, スイス)　2. 正長石(Findelgletscher, スイス)　3. 正長石と煙水晶(Strzegom, ポーランド)　4. アマゾナイト(青緑色の微斜長石　El Paso, Colorado, 米)　5. 正長石(Ellenbogen, 独)　6. 正長石と煙水晶(Baveno, 伊)　7. 斜長石の結晶の入った正長石　8. ピンク色の正長石と斜長石の結晶(Epprechtstein, Fichtelgebirge, 独)　9. 緑色の正長石の塊に白い斜長石が入ったもの（Baveno, 伊）　10. 斜長石の結晶（Pfitschtal, Tyrol, 伊）　11. ラブラドライト（研磨　Labrador, カナダ）　12. ラブラドライト（Labrador, カナダ）　13. ラブラドライト（カット、研磨　Labrador, カナダ）

1. 蛍石（Cumberland, 英）　2. 蛍石（Schwarzwald, 独）　3. 蛍石（重晶石の中　Kinzig, Baden-Württemberg, 独）　4. 蛍石（Derbyshire, 英）　5. 蛍石（Münsterthal, Schwarzwald, 独）　6. 蛍石（酸化鉄の上に　Münsterthal, Schwarzwald, 独）　7. 燐灰石（Snarum, ノルウェー）　8. 燐灰石（緑色　Nesleraag, ノルウェー）　9. 燐灰石（青緑色　Horní Slavkov, チェコ）　10. 燐灰石（紫色　Horní Slavkov, チェコ）　11. 燐灰石（ペグマタイトの上に黒雲母と正長石とともに　カナダ）

1. 柘榴石（Pfitschtal, オーストリア）　2. 柘榴石の結晶（緑泥石、黒雲母を含む片岩中）　3. 普通角閃石中の柘榴石（Kongsberg, ノルウェー）4, 5. 斜緑泥石の結晶の中の柘榴石（ヘソナイト・ガーネット、Mussa Alpe, 伊）　6. 純度の高い鉄礬柘榴石（東アフリカ）　7. 6と同産地の柘榴石をカットしたもの　8. 結晶質石灰岩中の灰褐色の柘榴石の結晶（ハンガリー）　9. 雲母石英片岩中の柘榴石　10. 灰クロム柘榴石（Bisersk, Ural, 露）　11. 灰鉄柘榴石（Frascati, 伊）　12. 緑泥石の中の柘榴石の塊と細かな結晶（Falun, スウェーデン）13. 柘榴石雲母片岩（Fichtelberg, 独）14. エクロジャイト（鮮やかな赤色の柘榴石と灰緑色の輝石からなる　Fichtelberg, 独）15. 14と同じもので、よりきめが細かく、柘榴石を多く含むエクロジャイト

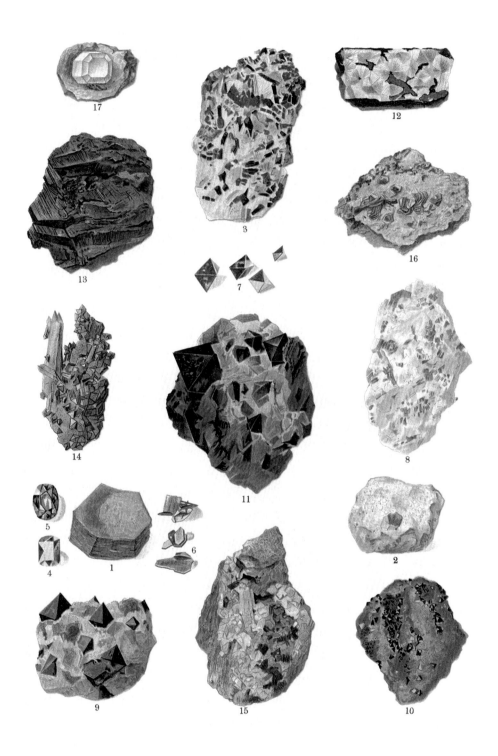

1. コランダム（東インド） 2. 薄赤色のコランダム（Campolungo, Leventina, スイス） 3. 青灰色のコランダム（Slatoust, Ural, 露） 4. 赤いコランダム（ルビー）
5. 青いコランダム（サファイア） 6. 合成ルビー 7. 八面体のスピネル（スリランカ） 8. 青いスピネル（オリーブグリーンの雲母とともに　フィンランド） 9. 濃
緑色のコランダム（ヘルシナイト　黄色のコンドロダイトとともに　New Jersey, 米） 10. 暗緑色のスピネル（プレオナスト　緑色の普通輝石、黄土色の黒雲
母とともに） 11. 暗緑色の亜鉛スピネル（New Jersey, 米） 12. 銀星石（Cornwall, 英） 13. 鉄マンガン重石（Altenberg, 独） 14. 灰重石（赤褐色の水晶の
上に　Zinnwald, チェコ） 15. 紅鉛鉱（緑色片岩の上に石英の結晶とともに　シベリア, 露） 16. 燐銅ウラン石（Cornwall, 英） 17. ボラサイト（Lüneburg, 独）

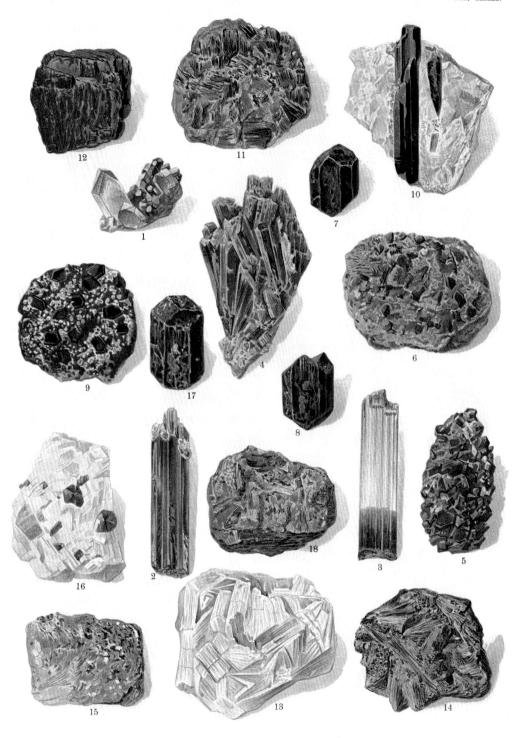

1. 透輝石（ダイオプサイド。灰礬柘榴石とともに　Mussa Alpe, Piedmont, 伊）　2, 3. 1と同産地の透輝石　4. 放射状に集合した透輝石の結晶（Zillertal, オーストリア）　5. 普通輝石（Arendal, ノルウェー）　6. 緑色のオンファス輝石（柘榴石とともにエクロジャイトと呼ばれる岩石を構成　Silberbach, Fichtelgebirge, 独）　7. アルミニウム（Fassa Valley, Tyrol, 伊）　8. 玄武岩中の普通輝石の斑晶（北ボヘミア, チェコ）　9. 玄武岩質の溶岩中の無数の普通輝石の結晶（Limburg, Kaiserstuhl, 独）　10. 石英中のエジリン輝石（Eker, ノルウェー）　11. 頑火輝石（古銅輝石, Ulten Valley, Tyrol, 伊）　12. 頑火輝石（紫蘇輝石　Paul's Island, カナダ）　13. 透閃石（Gotthard, スイス）　14. 緑閃石（Brevik, ノルウェー）　15. 緑閃石（Tyrol, 伊）　16. 普通角閃石（パルガサイト, Pargas, フィンランド）　17. 玄武岩中の普通角閃石（北ボヘミア, チェコ）　18. 直閃石（黄銅鉱が混在、Snarum, ノルウェー）

1. 方鉛鉱（Sankt Andreasberg, Harz, 独）　2. 無色の蛍石の上の方鉛鉱　3. 方鉛鉱（Neudorf, Harz, 独）　4. 緑鉛鉱（Phoenixville, Pennsylvania, 米）
5. 緑鉛鉱（Grube Friedrichssegen, Nassau, 独）　6. ミメット鉱（Cumberland, 英）　7. モリブデン鉛鉱（Arizona, 米）　8. 閃亜鉛鉱（ハンガリー）　9. 閃亜
鉛鉱（ハンガリー）　10. 片麻岩上の閃亜鉛鉱と石英（Schauinsland, Schwarzwald, 独）　11. 紅亜鉛鉱（フランクリン鉄鉱、方解石とともに　New Jersey, 米）
12. 亜鉛の鉱石（Altenberg, 独）

PLATE XIII.

PRECIOUS STONES.

The Century Dictionary and Cyclopedia（センチュリー事典）The Century Co., New York, USA, 1904.
（左上から右下へ、原石とカット石のセット）ダイヤモンド、オパール、トパーズ、エメラルド、ルビー、トルコ石、サファイア、紫水晶、キャッツアイ

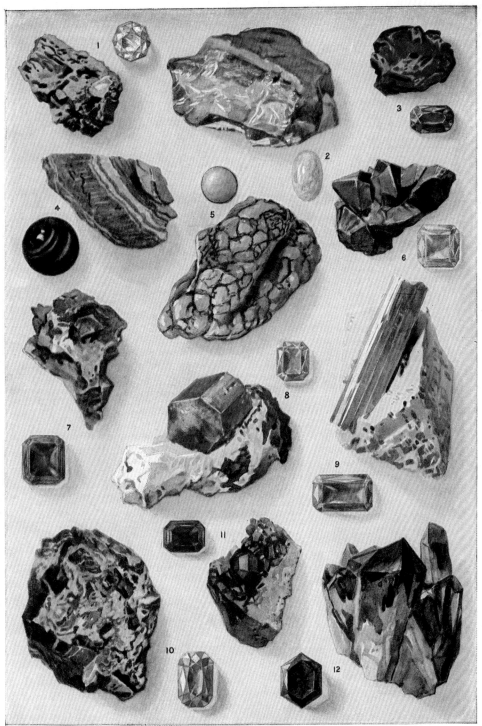

1. Diamond, Kimberley, S. Africa. 2. Opal, Queensland, Australia. 3. Ruby (Corundum), Upper Burma. 4. Quartz (Cat's Eye). 5. Turquoise (Calaite), Khorassan, Persia. 6. Chrysoberyl, Russia and Ceylon. 7. Topaz, Brazil. 8. Emerald (Beryl), Colombia, S. America. 9. Tourmaline, California. 10. Sapphire (Corundum), Upper Burma. 11. Garnet (Almindine), Russia. 12. Amethyst, Brazil

GEM : PRECIOUS STONES IN THEIR NATURAL AND FINISHED STATES

Specially drawn for Harmsworth's Universal Encyclopedia by J. F. Campbell

To face page 3459

Harmsworth's Universal encyclopedia （ハームズワース百科事典） The Educational Book. Co. , London, UK, 1921.

1. ダイヤモンド（Kimberley, 南アフリカ） 2. オパール（Queensland, 豪）、3. ルビー（コランダム　ビルマ高地） 4. キャッツアイ 5. トルコ石（Khorasan, イラン） 6. クリソベリル（金緑石）（露、スリランカ） 7. トパーズ（ブラジル） 8. エメラルド（ベリル　コロンビア） 9. トルマリン（California, 米）
10. サファイア（コランダム　ビルマ高地） 11. ガーネット（鉄礬柘榴石　露） 12. 紫水晶（ブラジル）

Amethyst

40-51頁 **Hans Lang,** *Das kleine Buch der Edelsteine*（宝石の小さな本） Insel-Verlag, Leipzig , Germany, 1938.
紫水晶

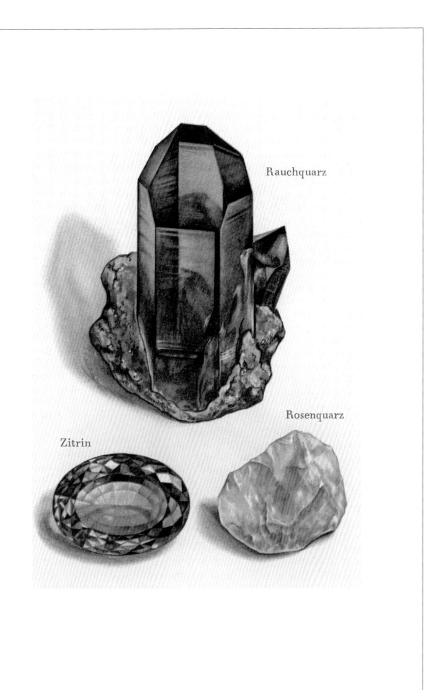

Rauchquarz

Rosenquarz

Zitrin

煙水晶、シトリン、ローズクォーツ

Bergkristall

水晶

Granat

柘榴石（ガーネット）

Malachit

Lapislazuli   Serpentin

孔雀石、ラピスラズリ、蛇紋石

Opal

オパール

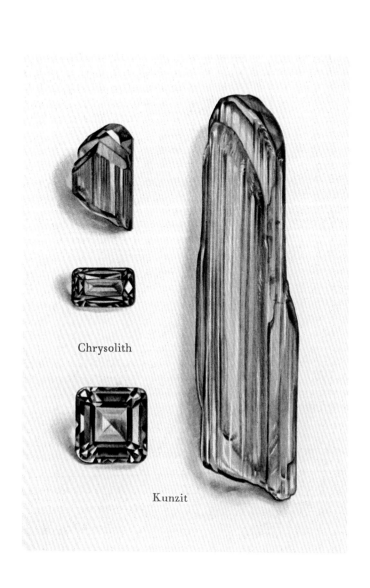

Chrysolith

Kunzit

ベリル（緑柱石）、クンツァイト

Topas

Achat

瑪瑙

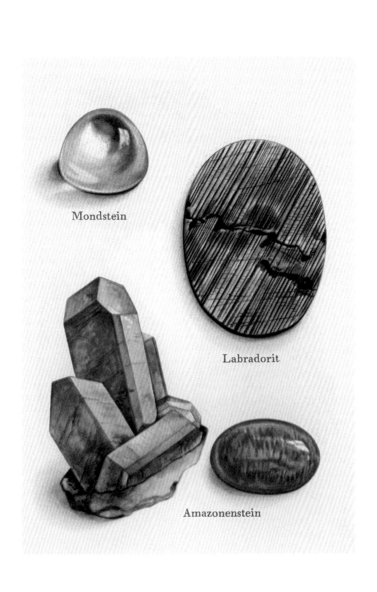

Mondstein

Labradorit

Amazonenstein

ムーンストーン、ラブラドライト、アマゾナイト

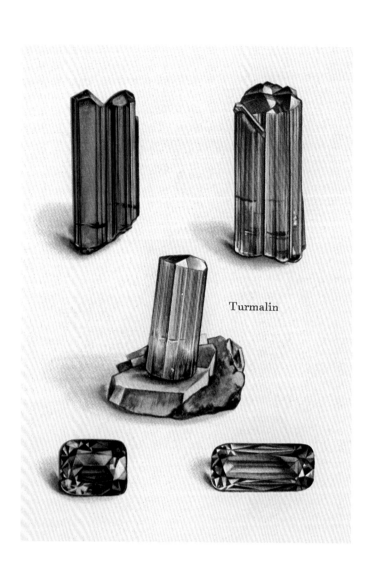

Turmalin

トルマリン

Alexandrit

Katzenauge

Prêtre pinx.ᵗ   Turpin direx.ᵗ   Victor sculp.ᵗ

1. AGATE onix, *avec son écorce*.

2. AGATE onix, *à zones innombrables*.

52-53頁　Frédéric Cuvier, *Dictionnaire des sciences naturelles*（自然科学事典）Le Normant, Paris, France, 1818
縞瑪瑙（上：外殻つき　下：無数の層をもつ）

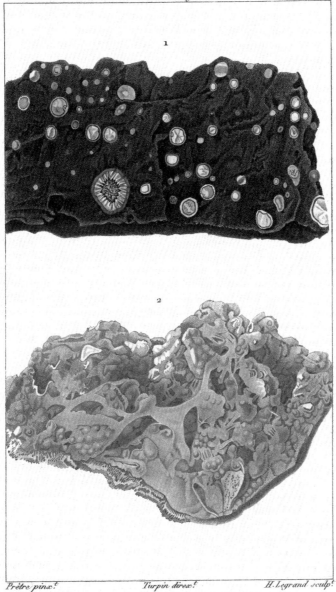

Prêtre pinx.ᵗ *Turpin direx.ᵗ* *H. Legrand sculp.ᵗ*

1. **APHANITE** *avec nodules pisaires d'Agate.*

2. **SILEX** *calcédonieux mamelonné, avec calcédoine étendue comme une membrane sur les sommets des mamelons.*

上：瑪瑙の塊が入っている岩石　下：乳首のような突起をもつ形に成長した玉髄の塊

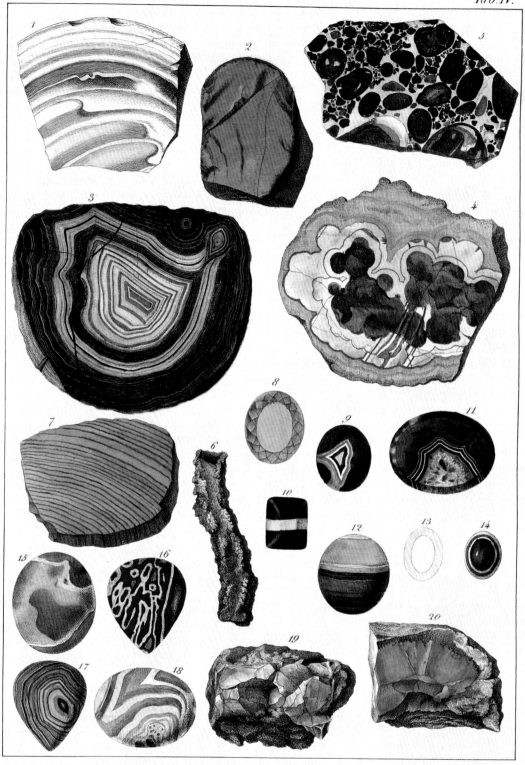

54-58頁　Johann Gottlob von Kurr, *Das Mineralreich in Bildern* （絵で見る鉱物の世界）Verlag von Schreiber und Schill, Stuttgart & Esslingen, Germany, 1858　1. グレーと白の縞模様のあるフリント（Baden, 独）　2. 丸みのある紅玉髄（カーネリアン　エジプト）　3. フォーティフィケーション（城塞形の模様）のある瑪瑙（Idar-Oberstein, 独）　4. 雲のような模様のある瑪瑙（Idar- Oberstein, 独）　5. プディング石（石英の礫の入った　Scotland, 英）6. チューブ状の玉髄　7. 珪化木（ハンガリー）　8. クリソプレーズ（Kosemitz, ポーランド）　9. 白、黒、グレーに着色された瑪瑙　10. 黒い縞瑪瑙（東洋産）11. 黒と茶の縞瑪瑙（東洋産）　12. 薄褐色の縞瑪瑙（東アジア産）　13. サードオニクス（東洋産）　14. 黒と茶の縞瑪瑙（東洋産）　15-18. ザクセン地方産の様々な瑪瑙　19. ノーブル・オパール（Cervenica, スロヴァキア）　20. 緑色のオパール（Pernstein, チェコ）

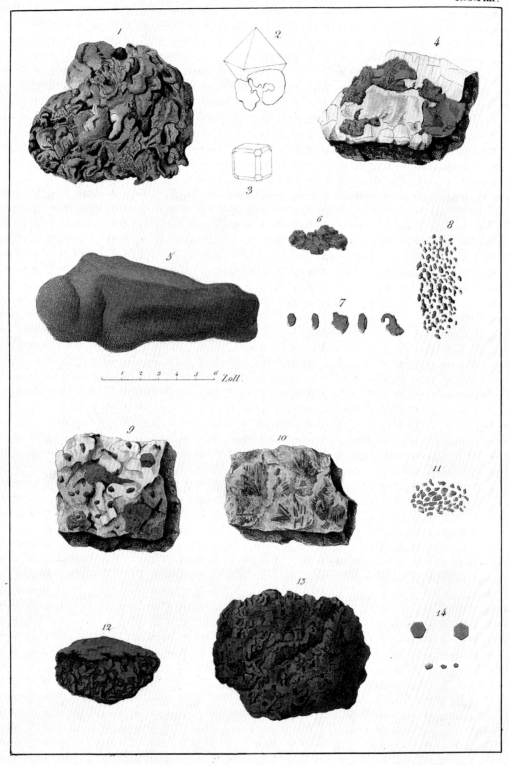

Tab. XIII.

1. 自然金（California, 米）　2. 金の結晶（下部に銀がついている　California, 米）　3. 金の結晶（ブラジル）　4. 自然金（Verespatak, ルーマニア）　5. 塊金（刊行時に世界最大　Victoria, 豪）　6. 塊金（アフリカ西岸）　7. 様々な形の金粒子（California, 米）　8. 砂金（Ural 山脈の麓, 露）9. 赤味のある石英の上についた金の粒（Victoria, 豪）　10. シルバニア鉱（Baia de Aries, ルーマニア）　11. 自然白金（Choco, ブラジル）　12-13. 自然白金（Nischne Tagilsk, Ural, 露）14. オスミリジウム（Nischne Tagilsk, Ural, 露）

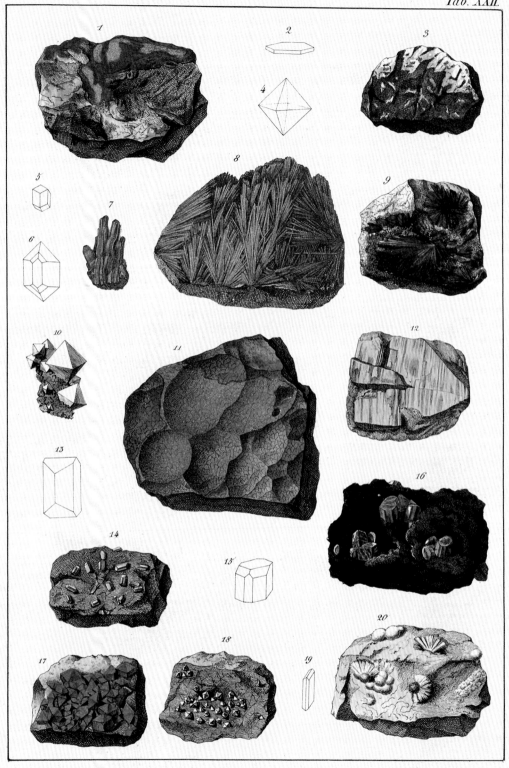

Tab. XXII.

1. 輝水鉛鉱 (石英の上に鉄水鉛鉱とともに Valais, スイス) 2. 輝水鉛鉱の結晶の基本的な形：六角板状 3. クロム鉄鉱とクロム・オークル (Baltimore, Maryland, 米) 4. クロム鉄鉱の結晶形 5. 自然アンチモンの結晶形 6. 輝安鉱の結晶形：菱形二十面体 7. 輝安鉱 (Wolfsberg, Harz, 独) 8. 輝安鉱 (房状 Příbram, チェコ) 9. 紅安鉱 (針状 Bräunsdorf, Sachsen, 独) 10. 方安鉱 (Oued Hamimim, Constantine, アルジェリア) 11. 自然砒 (Sankt Andreasberg, Harz , 独) 12. 雄黄 (トルコ) 13. 雄黄 (Cavnic, ルーマニア) 14. 雄黄 (Banská Bystrica, スロヴァキア) 15. 鶏冠石 (Cavnic, ルーマニア) 16. 鶏冠石 (Cavnic, ルーマニア) 17. 硫砒鉄鉱 (Freiberg, Sachsen, 独) 18. 砒華 (Auvergne, 仏) 19-20. 毒石 (Wittichen, Schwarzwald, 独)

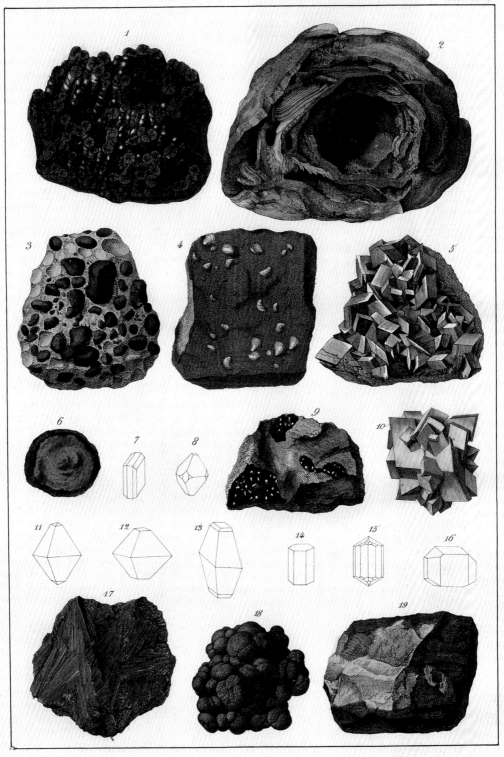

Tab. XIX.

1. 褐鉄鉱 (ブラジル)　2. 鉄のコンクリーション、「鉄腎臓」(Sachsen, 独)　3. 石灰質粘土の中の豆鉄鉱 (Salmendingen, 独)　4. 粘土質炭酸鉄鉱, 貝の化石入り (Wasseralfingen, 独) 5. 菱鉄鉱 (Neudorf, Harz, 独) 6. 泥鉄鉱 (露) 7. ラン鉄鉱の結晶形 (Auvergne, 仏) 8. スコロド石の結晶形 (Schwarzenberg, Sachsen, 独)　9. 毒砒鉄鉱 (Schwarzenberg, Sachsen, 独)　10. 緑礬　(Schwarzenberg近郊, Sachsen, 独)　11. 黒マンガン鉱の結晶形 (Ilefeld, Harz, 独)　12-13. 褐マンガン鉱の結晶形 (Ilmenau, Thüringen, 独)　14-15. 水マンガン鉱の結晶形 (Ilfeld, Harz, 独)　16. 軟マンガン鉱の結晶形 (Siegen, Nassau, 独)　17. 軟マンガン鉱 (Siegen, Nassau, 独) 18. サイロメレーン鉱 (Siegen, Nassau, 独) 19. ばら輝石 (Cavnic, ルーマニア)

Tab. XVII.

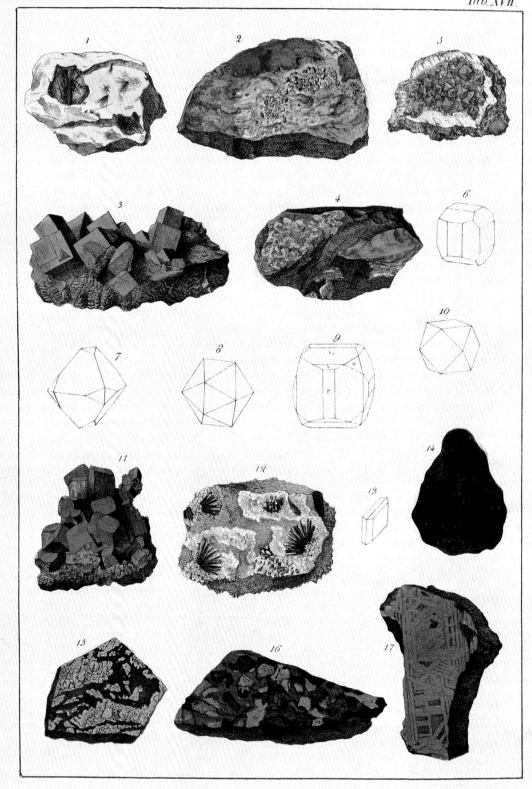

1. 硫化ニッケル（Johanngeorgenstadt, Sachsen, 独）　2. 紅砒ニッケル鉱（Richelsdorf, Hessen, 独）　3. 砒ニッケル鉱（Schneeberg, Sachsen, 独）
4. ニッケル華　5. 硫化コバルト（Müsen, Nordrhein-Westfalen, 独）　6-9. コバルトの結晶形　10. スマルト鉱の結晶形　11. スマルト鉱（Schneeberg,
Sachsen, 独）　12. コバルト華（Schneeberg, Sachsen, 独）　13. コバルト華の結晶形　14. スタンネルン隕石（Stonařov, チェコ）　15. 隕石（L'Aigle,
Normandie, 仏）　16. 隕鉄（Atacama, チリ）　17. 鉄隕石の断面（研磨・エッチングされたもの　メキシコ）

1. Kryſtallgruppe des Cuprit.
2. Cupritkryſtall.
3. Cupritkryſtall.
4. Azurit von Cheſſy.
5. Azuritkryſtall.
6. Azuritkryſtall.
7. Azurit auf Sandſtein.
8. Malachitkryſtalle auf Limonit.
9. Malachitzwilling.
10. Malachit aus Sibirien.
11. Malachit auf Brauneiſenerz.
12. Malachit aus Sibirien.
13. Lunnit auf Hornſtein.
14. Libethenit von Libethen.
15. Libethenitkryſtall.
16. und 17. Dioptas.
18. Euchroitkryſtalle auf Glimmerſchiefer.
19. Chalcophacit auf Quarz.
20. Chalcophacitkryſtall.
21. Olivenitkryſtall.
22. Chalcophyllitkryſtall.
23. Kupfervitriolkryſtall.

59-60頁 Gustav Adolph Kenngott, *Illustrierte Mineralogie*（図解鉱物学）Verlag von J.F. Schreiber, Esslingen bei Stuttgart, Germany, 1888

1. 赤銅鉱 2, 3. 赤銅鉱の結晶形（Lyon 近郊 Chessy, 英） 4. 藍銅鉱（一部孔雀石に覆われている Chessy, 英） 5-6. 藍銅鉱の結晶形（Chessy, 英） 7. 藍銅鉱（砂岩中の脈 Neubulach, Württemberg, Schwarzwald, 独）8. 孔雀石（Herrensegen, Schwarzwald, 独）9. 孔雀石の結晶形（Chessy, 英）10. 孔雀石（Siberia, 露）11. 孔雀石（Herrensegen, Schwarzwald, 独）12. 孔雀石（Siberia, 露）13. 擬孔雀石（Rheinbreitbach, Rhineland-Pfalz, 独）14. 燐銅鉱（Ľubietová, スロヴァキア） 15. 燐銅鉱の結晶形（Ľubietová, スロヴァキア）16. 翠銅鉱（Altyn Tjube, カザフスタン）17. 翠銅鉱の結晶形（Altyn Tjube, カザフスタン）18. ユークロイト（Ľubietová, スロヴァキア）19. リロコナイト（Cornwall, 英）20. リロコナイトの結晶形（Cornwall, 英）21. オリーブ銅鉱の結晶形（Cornwall, 英）22. 雲母銅鉱（葉銅鉱）の結晶形（Redruth, Cornwall, 英）23. 硫酸銅（Redruth, Cornwall, 英）

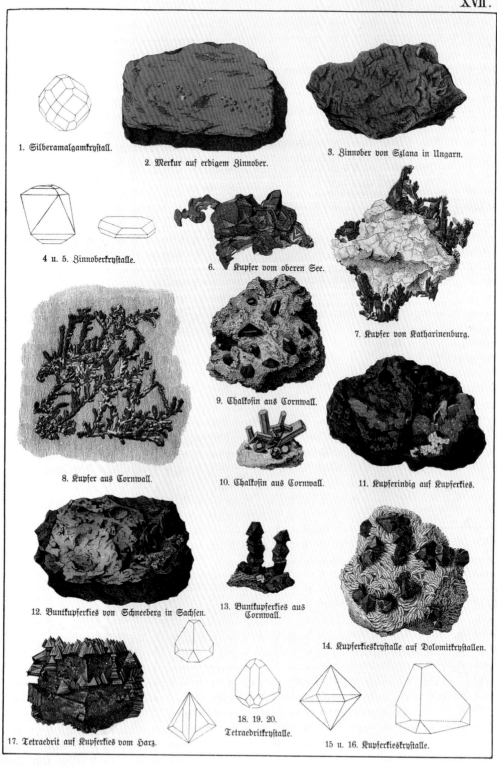

1. Silberamalgamkrystall.

2. Merkur auf erdigem Zinnober.

3. Zinnober von Szlana in Ungarn.

4 u. 5. Zinnoberkrystalle.

6. Kupfer vom oberen See.

7. Kupfer von Katharinenburg.

9. Chalkosin aus Cornwall.

8. Kupfer aus Cornwall.

10. Chalkosin aus Cornwall.

11. Kupferindig auf Kupferkies.

12. Buntkupferkies von Schneeberg in Sachsen.

13. Buntkupferkies aus Cornwall.

14. Kupferkieskrystalle auf Dolomitkrystallen.

17. Tetraedrit auf Kupferkies vom Harz.

18. 19. 20. Tetraedritkrystalle.

15 u. 16. Kupferkieskrystalle.

1. 水銀と銀の合金の結晶形（Moschellandsberg, Rheinland-Pfalz, 独）　2. 自然水銀（Saarbrücken近郊のStahlberg, Saarland, 独）　3. 辰砂（Szlana, スロヴァキア）　4. 辰砂の結晶形（Almadén, スペイン）　5. 辰砂の結晶形（Idrija, スロベニア）　6. 自然銅（Lake Superior, 米）　7. 自然銅（Yekaterinburg, 露）　8. 自然銅（Cornwallm, 英）　9-10. 輝銅鉱（Cornwall, 英）　11. 銅藍（Herrensegen, Schwarzwald, 独）　12. 斑銅鉱（Schneeberg, Sachsen, 独）　13. 斑銅鉱（Cornwall, 英）　14. 黄銅鉱（Cornwall, 英）　15, 16. 黄銅鉱の結晶形　17. 四面銅鉱（Harz, 独）　18-20. 四面銅鉱の結晶形（Cavnic, ルーマニア）

Edelsteine.

F. Martin's Naturgeschichte. **Große Ausgabe**（**F.** マルティンの博物誌　大型判）Barth, Stuttgart, 1901
「宝石」

YELLOW DIAMOND.

BLUE TOPAZ.

SARD.

TOURMALINE.

BERYL.(in white Topaz)

BLOODSTONE.

RED SPINEL.

AGATE.

RED SPINEL.

CHRYSOBERYL.

TURQUOISE.

CHRYSOBERYL.

SPHENE.(in Felspar)

62-63頁 *Imperial Dictionary of the English Language*（帝国英語辞典）Blackie, London, 1897-1898.
（左から右、上から下へ）イエロー・ダイヤモンド、青いトパーズ、赤瑪瑙、トルマリン、透明なトパーズの中のベリル、ブラッドストーン、瑪瑙、赤いスピネル（原石とカットされたもの）、クリソベリル（原石とカットされたもの）、トルコ石、スフェーン（長石の中の）

EMERALD.

JARGOON OR JACYNTH.

RUBY.

RUBY.

CITRINE. (Quartz)

CAIRNGORM.

AMETHYST.

TOPAZ.

OPAL.

ROCK CRYSTAL.

PERIDOT.

CARBUNCLE.

GARNET.

SAPPHIRE.

SAPPHIRE.

CAT'S EYE. (Quartz)

GARNET.

（左から右、上から下へ）エメラルド、ジャーゴーンまたはジャシンス、ルビー（原石とカットされたもの）、紫水晶、シトリン、ケアンゴーム（煙水晶）、トパーズ、オパール、水晶、ペリドット、カーバンクル、ガーネット（カットされたもの）、ガーネット（原石）、サファイア（原石）、サファイア（カットされたもの）、キャッツアイ

Bauer, Edelsteinkunde. 2. Auflage.

E. Ohmann fec.

66-73頁　Max Bauer, *Edelsteinkunde*（**宝石学**）Chr. Herm. Tauchnitz, Leipzig, Germany, 1909
1. 母岩の中のダイヤモンド（ブラジル）　2. 母岩の中のダイヤモンド（南アフリカ）　3. ダイヤモンド（研磨）　4. カーボナード　5. ルビー　6. ルビー（カット）　7. サファイア　8. サファイア（カット）　9, 10. スピネル　11. ジルコン（ヒヤシンス鉱）　12. ジルコン（ヒヤシンス鉱）　13. ジルコン（カット）

Bauer, Edelsteinkunde. 2. Auflage.　　　　　E. Ohmann fec.

1. エメラルド（方解石中　コロンビア）　2. エメラルド（雲母片岩中　Salzburg, 独）　3. エメラルド（カット）　4. 緑柱石（ゴールデン・ベリル）　5. アクア
マリン（Siberia, 露）　6-7. アクアマリン（カット）　8. 金緑石（アレキサンドライト）（Ural, 露）　9a. アレキサンドライト（カット）日光で見た色　9b. アレキ
サンドライト（カット）蝋燭の光で見た色　10. 金緑石（アレキサンドライト）（ブラジル）　11. 金緑石（サイモフェイン、カット）

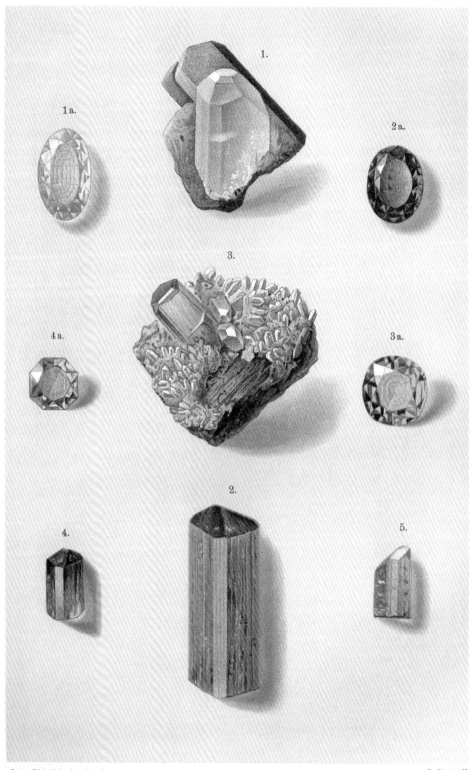

Bauer, Edelsteinkunde. 2. Auflage.　　　　　　　　　　　　　　　　　　　　E. Ohmann fec.

1. 青いトパーズ（Ural, 露）　1a. 1をカットしたもの　2. 暗黄色のトパーズ（ブラジル）　2a. 2をカットしたもの　3. 淡黄色のトパーズ（Sachsen, 独）
3a. 3をカットしたもの　4. 深紅色のトパーズ（ブラジル）　4a. 4をカットしたもの　5. ユークレース（ブラジル）

Bauer, Edelsteinkunde. 2. Auflage.   E. Ohmann fec.

1. 緑簾石 (Salzburg, 独)　2. 緑簾石 (カット)　3. 雲母片岩の中の鉄礬柘榴石　4. 鉄礬柘榴石 (カット)　5. 苦礬柘榴石 (ボヘミアン・ガーネット)　6. 苦礬柘榴石 (カット　ケープ・ルビー)　7. ヘソナイト (透輝石と)　8. ヘソナイト (カット　スリランカ)　9. デマントイド (Ural, 露)　10. デマントイド (カット)　11. かんらん石 (ペリドット)　12. かんらん石 (カット　ペリドット)

Bauer, Edelsteinkunde. 2. Auflage.

E. Ohmann fec.

1. ベスブ石の結晶（Piedmont, 伊）　2. ベスブ石（カット　Piedmont, 伊）　3. ベスブ石（カット　Vesuvius, 伊）　4. 翠銅鉱（Siberia, 露）　5. ローズ・レッドと緑のトルマリン（Elba, 伊）　6. 赤いトルマリン（Ural, 露）　7. 緑色のトルマリン（ブラジル）　8-9. 赤と緑のトルマリン（Massachusetts, 米）　10. 茶色のトルマリン（カット　スリランカ）　11. 青いトルマリン（カット　ブラジル）

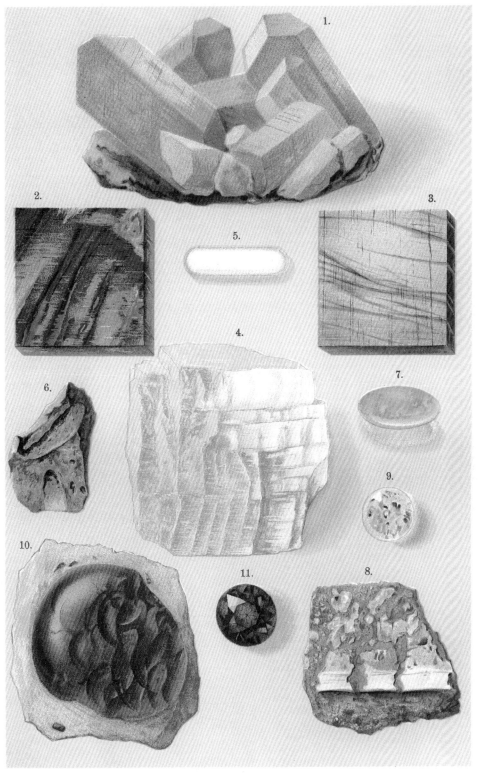

Bauer, Edelsteinkunde. 2. Auflage.

E. Ohmann fec.

1. アマゾナイト　2. ラブラドライト（研磨）　3. ラブラドライト（研磨）　4. ムーンストーンの原石　5. ムーンストーン（カット）　6. ノーブル・オパールの原石（豪）　7. ノーブル・オパール（カット　豪）　8. ノーブル・オパールの原石（ハンガリー）　9. ノーブル・オパール（カット　ハンガリー）　10. ファイアーオパールの原石　11. ファイアーオパール（カット）

1a.

2.

1b.

3b.

3c.

7.

4a.

3a.

4b.

5.

6.

Bauer, Edelsteinkunde. 2. Auflage.

E. Ohmann fec.

1a. 紫水晶　1b. 紫水晶（カット）　2. インクルージョンのある水晶（ルチル）　3a. 煙水晶　3b-c. 煙水晶（カット）　4a-b. キャッツアイ（カット）、緑と茶色　5. タイガーアイ（研磨）　6. ブラッドストーン（研磨）　7. 鉄礬柘榴石（カット）

Bauer. Edelsteinkunde. 2. Auflage.

E. Ohmann fec.

1. ラピスラズリ（研磨）　2. 水色のトルコ石（カット）　3. 緑色のトルコ石　4a. 孔雀石　4b. 孔雀石（研磨）　5a-b. 縞瑪瑙（カット）　6. 紅玉髄（カット）
7. 赤瑪瑙（カメオ）　8. クリソプレーズ（カット）　9. 琥珀

A. Holy toad of the Zuni Indians, clam shell incrusted with turquoise and shell. (Hemenway Expedition Collection.)

B. Turquoise in rock, Los Cerillos, New Mexico.

C. Turquoise in rock, Humboldt, Nevada.

D. Cyanite, Seven Mile Ridge, Mitchell County, North Carolina.

E. Shell ring inlaid with turquoise and shell. (Hemenway Expedition Collection.)

Copyright 1890 by the Scientific Pub. Co. N.Y

74-79頁 George Frederick Kunz, *Gems and precious stones of North America*（北米の宝石と貴石）The Scientific publishing company, New Yok, USA, 1890

A. ズニ族の聖なるカエル（貝殻にトルコ石と貝殻片を貼ったもの） B. 岩石中のトルコ石（Los Cerillos, New Mexico, 米） C. 岩石中のトルコ石（Humboldt, Nevada, 米） D. 藍晶石（Seven Mile Ridge, Mitchell Co., North Carolina, 米） E. 貝殻の指輪（トルコ石と貝殻片を象眼してある）

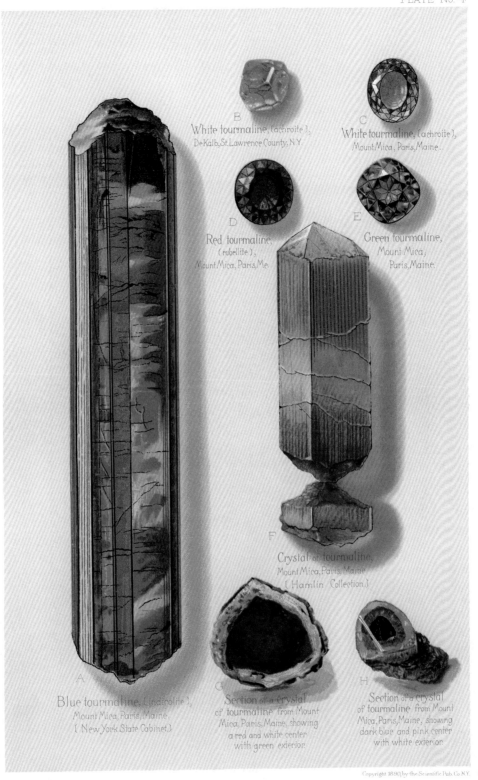

A. Blue tourmaline, (indicolite),
Mount Mica, Paris, Maine.
(New York State Cabinet.)

B. White tourmaline, (achroite),
DeKalb, St. Lawrence County, N.Y.

C. White tourmaline, (achroite),
Mount Mica, Paris, Maine.

D. Red tourmaline,
(rubellite),
Mount Mica, Paris, Me.

E. Green tourmaline,
Mount Mica,
Paris, Maine.

F. Crystal of tourmaline,
Mount Mica, Paris, Maine
(Hamlin Collection.)

G. Section of a crystal
of tourmaline from Mount
Mica, Paris, Maine, showing
a red and white center
with green exterior.

H. Section of a crystal
of tourmaline from Mount
Mica, Paris, Maine, showing
dark blue and pink center
with white exterior.

Copyright 1890 by the Scientific Pub. Co. N.Y.

A. 青トルマリン（インディコライト　Mount Mica, Paris, Maine, 米）　B. 白トルマリン（アクロアイト　DeKalb, St. Lawrence Co., New York, 米）　C. 白トルマリン（アクロアイト　Mount Mica, Paric, Maine, 米）　D. 赤トルマリン（ルベライト　Mount Mica, Paric, Maine, 米）　E. 緑トルマリン（Mount Mica, Paric, Maine, 米）　F. トルマリンの結晶（Mount Mica, Paric, Maine, 米）　G. トルマリンの結晶の断片　中心部が赤・白で外側が緑　Mount Mica, Paric, Maine, 米）　H. トルマリンの結晶の断片　中心部が濃紺とピンクで外側が白色　Mount Mica, Paric, Maine, 米）

B
Golden colored beryl,
Litchfield County, Connecticut.

C
Crystal of aquamarine
Mount Antero, Chaffee
Colorado.

A
Lithia Emerald,
Stony Point, Alexander County,
North Carolina.

F
Amazon stone,
Pike's Peak, Colorado.
One-fifth natural size. (New York State Cabinet.)

G
Cut aquamarine,
Stoneham, Oxford County, Maine.
(Dexter Collection.)

A. リシア輝石（Stony Point, Alexander Co., North Carolina, 米）　B. 金色の緑柱石（Litchfield Co., Connecticut, 米）　C. アクアマリンの結晶（青色の緑柱石 Mount Antero, Chaffee Co., Colorado, 米）　D. 藍銅鉱と孔雀石（Morenci, Arizona, 米）

D
Azurite and Malachite,
Morenci, Arizona.

E
Crystal of emerald.
Stony Point, Alexander County, North Carolina.
(Bement Collection.)

H
Crystal of emerald.
Stony Point, Alexander County, North Carolina.
(Bement Collection.)

Copyright 1890, by the Scientific Pub. Co. N.Y.

E. エメラルドの結晶（緑柱石　Stony Point, Alexander Co., North Carolina, 米）　F. アマゾナイト（長石　Pike's Peak, Colorado, 米）　G. アクアマリン（カット　Stoneham, Oxford Co., Maine, 米）　H. エメラルドの結晶（Stony Point, Alexander Co., North Carolina, 米）

A
Cut amethyst.
Deer Hill, Stow, Maine.

B
Cut amethyst.
Deer Hill, Stow, Maine.

C
Amethyst crystal,
Upper Providence Township, Delaware County,
Pennsylvania.

Copyright 1890 by the Scientific Pub. Co. N.Y.

A, B. カットされた紫水晶 (Deer Hill, Stow, Maine, 米)　C. 紫水晶の結晶 (Upper Providence Township, Delaware Co., Pennsylvania, 米)

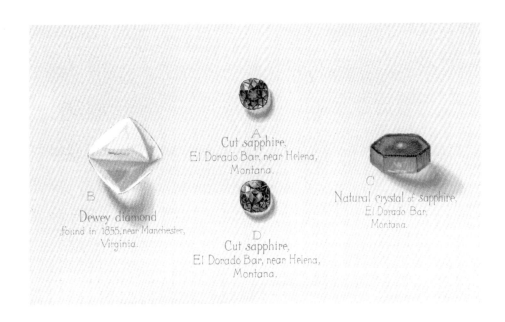

上：A, D. カットされたサファイア（El Dorado Bar, near Helena, Montana, 米）　B. デューイ・ダイヤモン（1855年に Virginia 州 Manchester 近郊で発見, 米）C. サファイアの結晶（El Dorado Bar, Montana, 米）　下：A, ハート型にカットされたルチル入りクォーツ（金紅石の入った水晶、「ヴィーナスの髪の石」「愛の矢」「サゲナイト」　Alaxander Co., North Carolina, 米）　B. 煙水晶（「ケアンゴーム・ストーン」　Alexander Co., North Carolina, 米）　C. ルチル入りクォーツ（Hubband コレクション, West Hartford, Vermont, 米）

A

Section of a sapphire crystal,
banded blue and yellow. Jenks Mine, Macon County,
North Carolina.

C

Ruby,
Jenks Mine, Macon County,
North Carolina.

B

Asteriated sapphire,
Jackson County,
North Carolina.

D

First sapphire found in matrix,
Corundum Hill, Macon County,
North Carolina.
Restored to matrix after being cut

E

Sapphire. (Brown.)
Chatoyant,
Mc Dowell County.
North Carolina.

F

Ruby,
Cowee Valley,
Macon County, North Carolina

G

Ruby,
Cowee Valley,
Macon County, North Carolina

Lith by Faber Prang Art Co

Prepared under the directions of George F. Kunz.

80-81頁　George Frederick Kunz, ***History of the gems found in North Carolina*** （ノースカロライナ産の宝石の歴史）E.M. Uzzell & co., public printers and binders, Raleigh, USA, 1907　　A. サファイアの結晶の欠片（コランダム　Jenks Mine, Maron Co., North Carolina, 米）B. スターサファイア（Jackson Co., North Carolina, 米）C. ルビー（コランダム　Jenks Mine, Maron Co., North Carolina, 米）D. ノースカロライナで初めて発見された母岩中のサファイア（カットされたサファイアを母岩に埋めなおしたもの　Corundum Hill, Macon Co., North Carolina, 米）E. 茶色のサファイア（猫目効果あり　McDowell Co., North Carolina, 米）F. ルビー（Cowee Valley, Macon Co., North Carolina, 米）G. ルビー（Cowee Valley, Macon Co., North Carolina, 米）

A

Smoky quartz.
(cairngorm stone).
Alexander County, North Carolina.

B
Rutilated Quartz.
Alexander County,
North Carolina.

C
Rutilated Quartz.
Alexander County,
North Carolina.

D E
Amethyst
Henry Lincoln County,
North Carolina.

F
Amethyst
Tesanly Creek,
Smith Bridge Township,
Macon County, North Carolina.

A. 煙水晶（「ケアンゴーム」 Alexander Co., North Carolina, 米） B. ルチルクォーツ（金紅石の入った水晶 Alexander Co., North Carolina, 米） C. ルチルクォーツ（Alexander Co., North Carolina, 米） D, E. 紫水晶（Henry Lincoln Co., North Carolina, 米） F. 紫水晶（Tesanly Creek, Macon Co., North Carolina, 米）

314

Apr. 1,1809. Published by J. Sowerby; Mead Place.

82-91頁　James Sowerby, *British mineralogy, vol.1-5*（英国の鉱物学） Arding and Merretts, London, UK, 1804-1817
vol.4より、方解石（Derbyshire, 英）

279

Ang. 1 ▱ 9 Publishd by Jas Sowerby London

vol.3より、クリソコラ（Dalehead Mine, Cumberland, 英）

上・下：vol.1より、閃亜鉛鉱（Cornwall, 英）

vol.1より、赤銅鉱 (Wheal Unity, Redruth, Cornwall, 英)

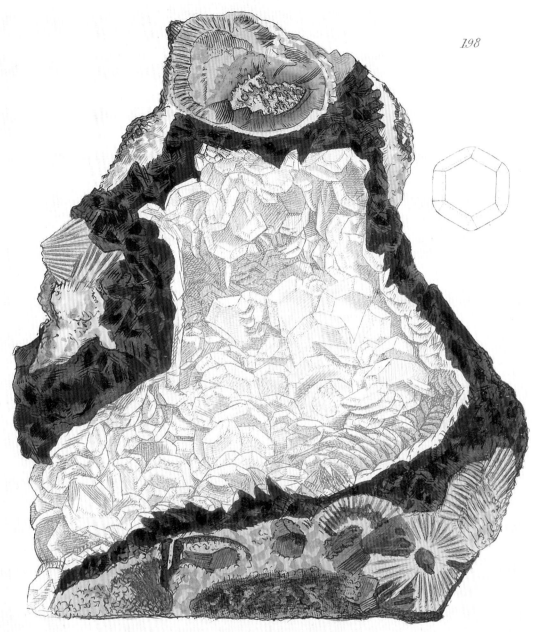

198

Dec.1.1806. Publish'd by Ja.ᵉ Sowerby, London.

vol.2より、方解石（赤い部分は紅玉髄、黄色い部分は黄鉄鉱　Audlim mine, Bodmin, Cornwall, 英）

vol.5より、トルマリン（Chudleigh近郊, Devon, 英）

March 1 1805. Published by Ja.^s Sowerby, London.

vol.2より、水晶と緑泥石（英）

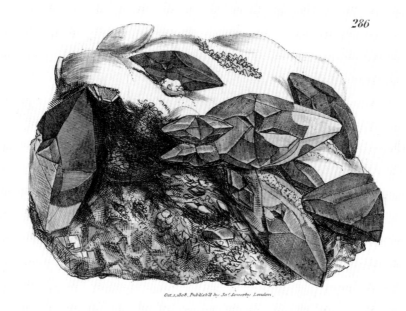

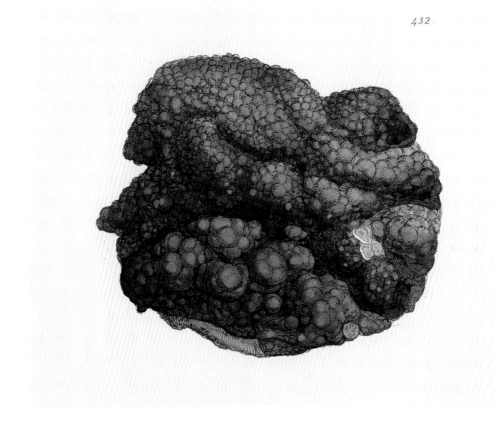

上：vol.3より、方解石と黄鉄鉱（Dimple Mine Matlock近郊, 英）、下：vol.5より、黄銅鉱（Cook's Kitchen, Cornwall, 英）

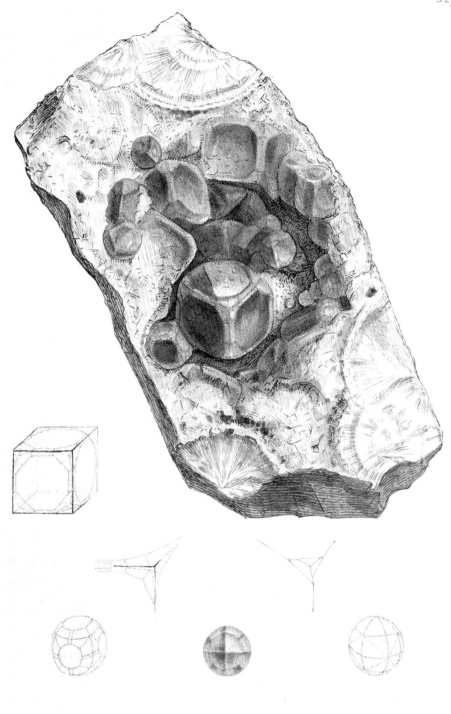

vol.5より、蛍石 (Bere-Alston Mine, Devonshire, 英)

411

vol.5より、蛍石（英）

92-101頁　James Sowerby, *Exotic mineralogy,* **vol.1, 2（異国の鉱物学）** printed by Benjamin Meredith, London, UK, 1811, 1817
vol.2より、タンタル石（Waldenberg Bodenmais, Bayern,独）

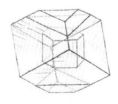 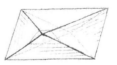

vol.1より、辰砂 (Almaden, スペイン)

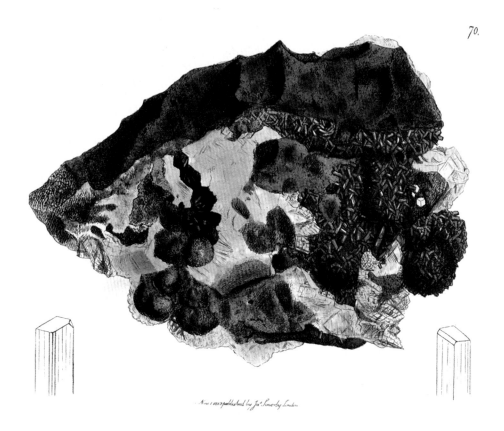

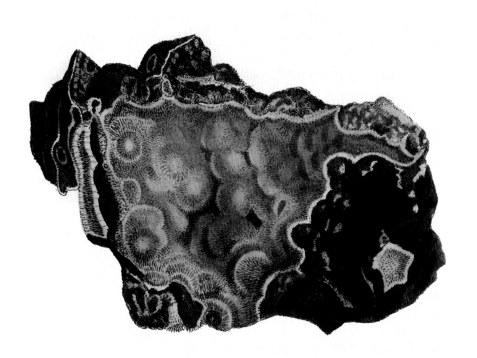

上：vol.1より、鶏冠石（Nagyag, ルーマニア）　下：vol.2より、青針銅鉱（Omorovicza, Transilvania, ルーマニア）

vol.2より、トルマリン（ルベライト　Siberia, 露）

vol.2より、自然硫黄（Conilla Cadiz 近郊, スペイン）

vol.2より、自然アンチモン（Allemout, Dauphine, 仏）

vol.2より、輝安鉱 (ルーマニア？)

June 1. 1817. published by Ja.^{s} Sowerby London

vol.1より、アタカマ石（ペルー）

vol.2より、エメラルド

vol.1より、紅鉛鉱 (Berezovsk, 露)

A Faquet pinx   C Regamey Chromolith

1. Diamond, *Cascalho (Brazil)*   4 Sand with Sapphires, *Ceylon*   7 Emerald, *New-Grenada*

2 Diamond Sand, *Borneo*   5. Rubies, *United-States*   8 Topaz and Rock Cristal, *Brazil*

3 Sapphire *Ural*   6. Sand with Rubies, *Burmah*   9 Garnet *Bohemia*

CHAPMAN & HALL, London.   Imp Lemercier & Cie Paris

102-107頁　Louis Simonin, *Underground life : or, Mines and miners*（地下の生活） D. Appleton, New York, USA, 1869
「透明な石」1. ダイヤモンド（Cascalho, Brazil）　2. 砂の中のダイヤモンド（ボルネオ島、インドネシア）　3. サファイア（ウラル、露）　4. 砂の中のサファイア（スリランカ）　5. ルビー（米）　6. 砂の中のルビー（ミャンマー）　7. エメラルド（コロンビア）　8. トパーズと水晶（ブラジル）　9. ガーネット（チェコ）

A Faguet pinx'   Regamey Chromolith

1. Turquois *Persia*   4. Amethyst, *Saxony*
2. Lapis-lazuli, *Bokhara*   5. Chalcedony *Iceland*
3. Opal *Hungary*   6. Agate Pebble *the Palatinate*

7. Yellow Amber *Prussia*

CHAPMAN & HALL, London

「宝石」1. トルコ石（イラン）　2. ラピス・ラズリ（チェコ）　3. オパール（ハンガリー）　4. アメジスト（Sachsen、独）　5. カルセドニー（アイスランド）
6. 瑪瑙の小石（Pfalz, 独）　7. 琥珀（Kaliningrad, 露）

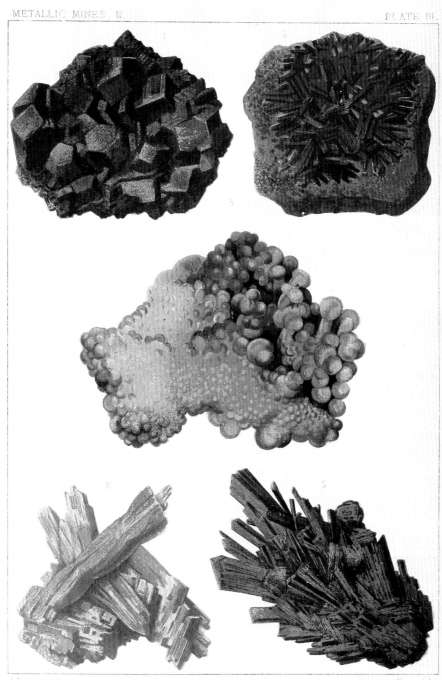

A. Paquit pinxt Imp romny Chromolith

1. Galena (Sulphide of Lead) Freyberg 3. Phosphate of Lead (Pyromorphite) Hofsgrund (Baden)

2. Cerusite (Carbonate of Lead) Leadhills 4. Chromate of Lead (Crocoisite) Siberia

5. Sulphide of Antimony (Stibnite) Felsöbanya (Hungary).

CHAPMAN & HALL, London. Imp Lemercier & Cie Paris

「鉛とアンチモン」1. 方鉛鉱(Freyberg, 独) 2. 白鉛鉱(Leadhills, 英) 3. 緑鉛鉱(Hofsgrund, Baden, 独) 4. 紅鉛鉱(Siberia, 露) 5. 輝安鉱(Felsöbanya, ハンガリー)

1 Native Bismuth. *Cornwall.*   3 Yellow Sulphide of Arsenic (Orpiment) *Hungary.*
2 Red Sulphate of Arsenic (Realgar) *Transylvania.*   4 Arseniate of Cobalt (Cobalt-Bloom) *Saxony.*
5 Hydrous carbonate of Nickel (Emerald-Nickel) *Pennsylvania.*

CHAPMAN & HALL, London   Imp Lemercier & Cie Paris

「ビスマス、コバルト、ヒ素、ニッケル」1. 自然ビスマス(Cornwall, 英)　2. 鶏冠石(Transylvania、ルーマニア)　3. 雄黄(ハンガリー)　4. コバルト華(Sachsen、独)　5. 翠ニッケル鉱 (ザラタイト　Pennsylvania, 米)

ZINC AND TIN

A Faguet pinx.

Regamey. Chromolith.

1. Silicate of Zinc (Smithsonite). *Cumberland.*   3. Carbonate of Zinc (Calamine) *Vieille Montagne.*

2. Smithsonite. *Stolberg.*   4. Sulphide of Zinc (Blende) *Kapnik (Hungary).*

5. Oxide of Tin (Tin-stone) *Morbihan (France).*

CHAPMAN & HALL. London.

Imp. Lemercier & C.ie, Paris.

「亜鉛とスズ」 1. 菱亜鉛鉱 (Cumberland, 英)　2. 菱亜鉛鉱 (Stolberg, 独)　3. 亜鉛鉱 (カラマイン　Vieille Montagne, ベルギー)　4. 硫化亜鉛 (Cavnic, ルーマニア)　5. 錫石 (Morbihan, 仏)

GOLD, SILVER, PLATINUM & MERCURY.

PLATE I

A Faguet, Pinx^t

G Regamey, Chromolith.

1 Nugget of Gold, *(California)*
2 Scales of Gold, *(Australia)*
3 Capillary Silver, *Sonora, (Mexico)*

4 Nugget of Platinum, *Choco, (New Grenada)*
5 Scales of Platinum, *(Ural)*
6 Cinnabar or Native Vermilion, *(Spain)*

CHAPMAN & HALL, London.

Imp. Lemercier & Cie, Paris

「金、銀、白金、水銀」1. 金のナゲット（カリフォルニア, 米）　2. 砂金（オーストラリア）　3. 自然銀（Sonora, メキシコ）　4. 白金のナゲット（Choco, コロンビア）　5. 砂白金（Ural, 露）　6. 辰砂（スペイン）

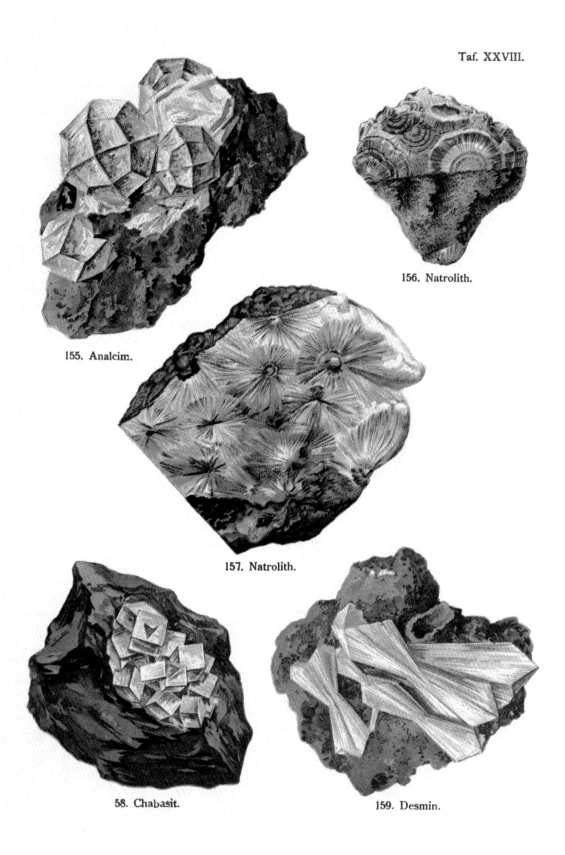

156. Natrolith.

155. Analcim.

157. Natrolith.

58. Chabasit.

159. Desmin.

108-119頁　August Schleyer, *Mineralogie* （鉱物学）G. Löwensohn, Fürth, Germany, 1909
155. 方沸石（Val di Fassa, 伊）　156. ソーダ沸石　157. ソーダ沸石　158. 菱沸石　159. 束沸石

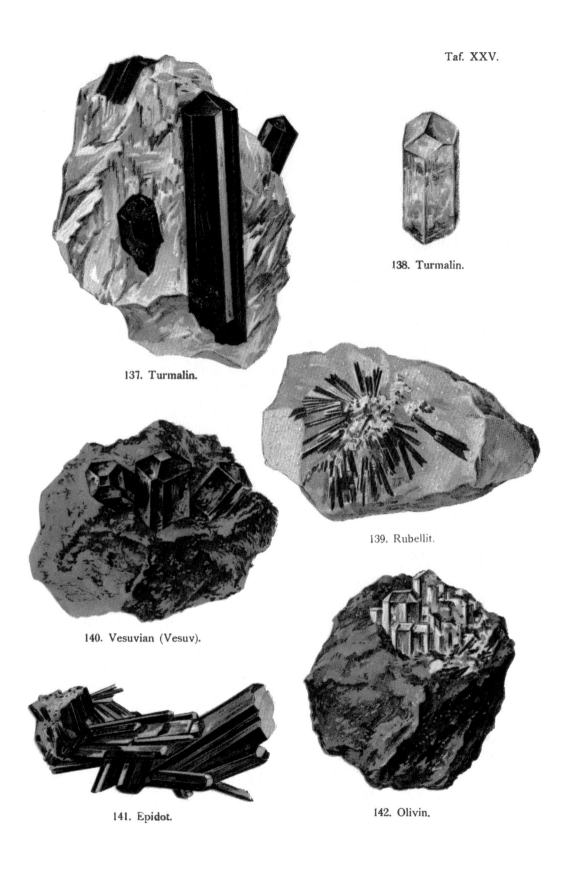

138. Turmalin.

137. Turmalin.

139. Rubellit.

140. Vesuvian (Vesuv).

141. Epidot.

142. Olivin.

137, 138. トルマリン　139. ルベライト（赤いトルマリン）　140. ベスブ石　141. 緑簾石　142. カンラン石

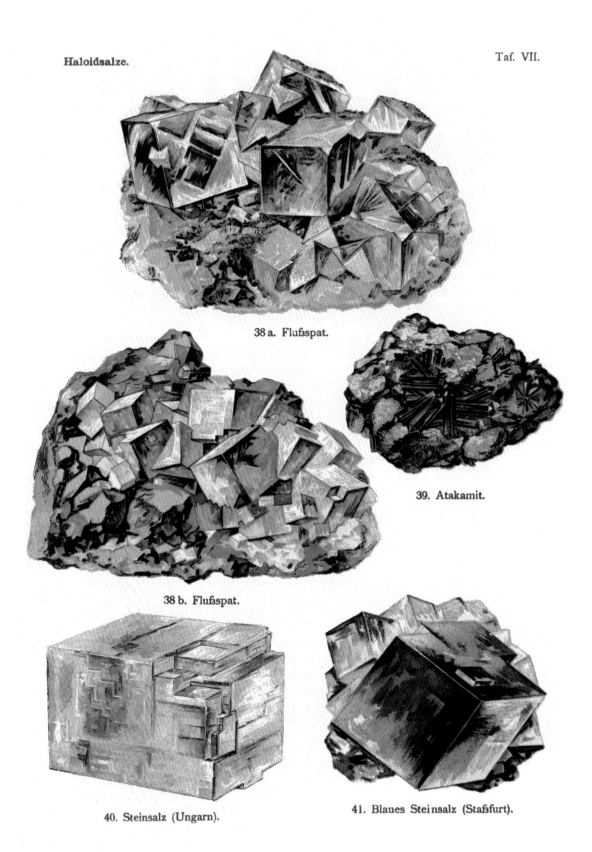

38 a. Flußspat.

39. Atakamit.

38 b. Flußspat.

40. Steinsalz (Ungarn).

41. Blaues Steinsalz (Staßfurt).

38a,b. 蛍石　39. アタカマ石　40. 岩塩（ハンガリー）　41. 青い岩塩（Staßfurt, 独）

109. Feldspat.

110. Orthoklas.

111. Labrador.

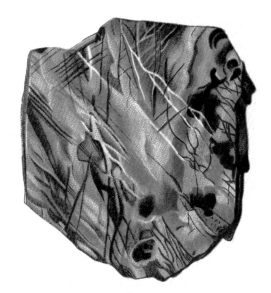

112. Labradorit.

113. Anorthit.

114. Mikroklin.

109. 長石　110. 正長石　111, 112. ラブラドライト　113. 灰長石　114. 微斜長石

111

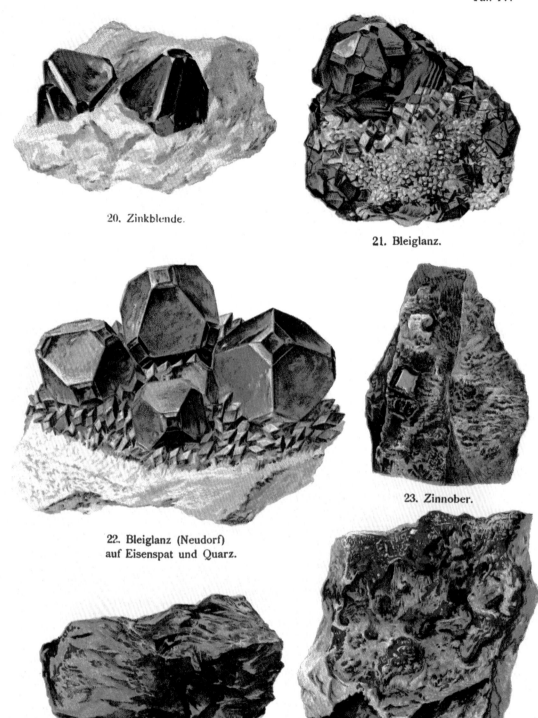

20. Zinkblende.

21. Bleiglanz.

22. Bleiglanz (Neudorf)
auf Eisenspat und Quarz.

23. Zinnober.

24. Zinnober.

25. Zinnober.

20. 閃亜鉛鉱　21. 方鉛鉱　22. 菱鉄鉱の上に方鉛鉱（Neudorf, Harz, 独）　23-25. 辰砂

Oxyde.

42. Bergkristall (St. Gotthard).

43. Rauchtopas (St. Gotthard).

45. Katzenauge.

44. Amethyst.

46. Rosenquarz.

47. Hornstein.

42. 水晶（Szentgotthárd, ハンガリー）　43. 煙水晶（Szentgotthárd, ハンガリー）　44. 紫水晶　45. キャッツアイ（石英）　46. ローズクォーツ　47. チャート

132. Prehnit.

133. Lasurstein (Baikalsee).

134. Sodalith.

135. Hessonit.

136. Almandin.

132. ぶどう石　133. 青金石（Baikal湖, 露）　134. 方ソーダ石　135. 灰礬柘榴石　136. 鉄礬柘榴石

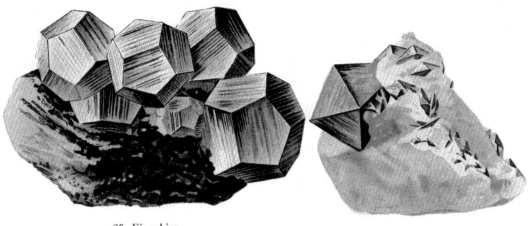

26. Eisenkies.

28. Markasit.

27. Schwefelkies.

29. Speiskobalt.

30. Rotnickelkies.

31. Arsenkies.

26. 黄鉄鉱　27. 黄鉄鉱　28. 白鉄鉱　29. スクッテルド鉱　30. 紅砒ニッケル鉱　31. 硫砒鉄鉱

70. Kalzit (Cumberland).

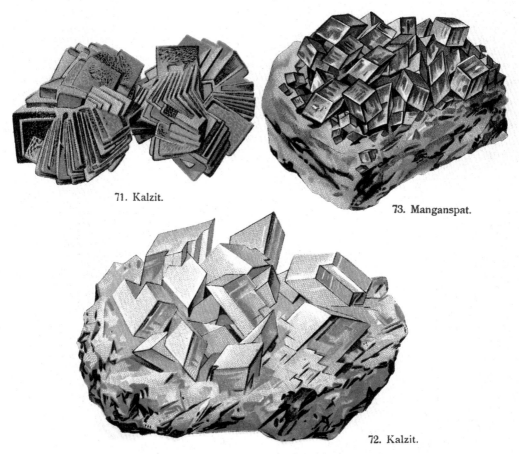

71. Kalzit.

73. Manganspat.

72. Kalzit.

70. 方解石（Cumberland, 英）　71, 72. 方解石　73. 菱マンガン鉱

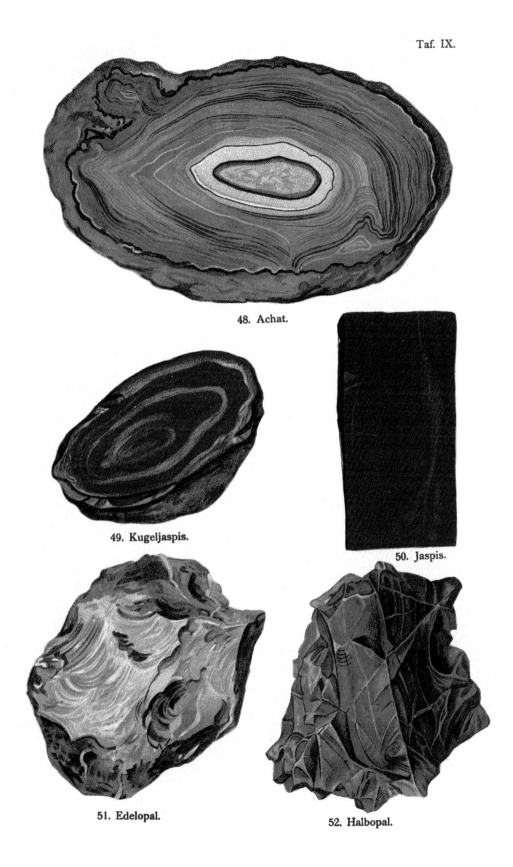

48. Achat.

49. Kugeljaspis.

50. Jaspis.

51. Edelopal.

52. Halbopal.

48. 瑪瑙　49. 団塊状のジャスパー　50. ジャスパー　51. プレシャス・オパール　52. コモン・オパール

32. Magnetkies.

33. Kupferkies.

34. Kupferkies.

35. Rotgültigerz.

36. Lichtes Rotgültigerz.

37. Fahlerz.

32. 磁硫鉄鉱　33, 34. 黄銅鉱　35. 濃紅銀鉱　36. 淡紅銀鉱　37. 砒四面銅鉱

103. Lazulith auf Quarz.

104. Lazulith.

105. Wavellit.

106. Kalait.

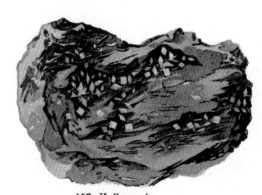

107. Kalkuranit.

108. Vivianit (Cornwall).

103. 石英の上の天藍石　104. 天藍石　105. 銀星石　106. トルコ石　107. 燐灰ウラン石　108. 藍鉄鉱 (Cornwall, 英)

1. Festungsagat. 2. Bandagat. 3. Moccastein / 4. Carneol. 5. Chrysopras. 6. Calcedon. 7. Plasma.

120-125頁　F.A. Schmidt, *Mineralienbuch*（鉱物の本）Verlag von Scheitlin & Krais, Stuttgart, Germany, 1850
1. 縞瑪瑙　2. 縞瑪瑙　3. モス・アゲート　4. カーネリアン（紅玉髄）　5. クリソプレーズ　6. 玉髄　7. プラスマ（緑色半透明の玉髄）

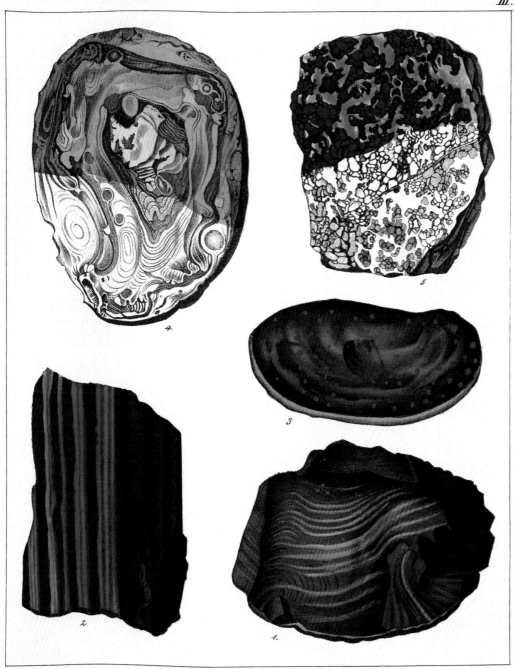

1. Blutjaspis. 2. Bandjaspis. 3. Heliotrop. 4. brauner Jaspis. 5. Silberagat.

1. 赤ジャスパー　2. 縞ジャスパー　3. ブラッドストーン　4. 茶色ジャスパー　5. 銀瑪瑙（？）

1. Lapis lazuli. 2. Scapolith mit Granat. 3. Leuzit. 4. Hauÿn.

1. ラピスラズリ　2. 柱石（スカポライト）　3. 白榴石　4. 藍方石

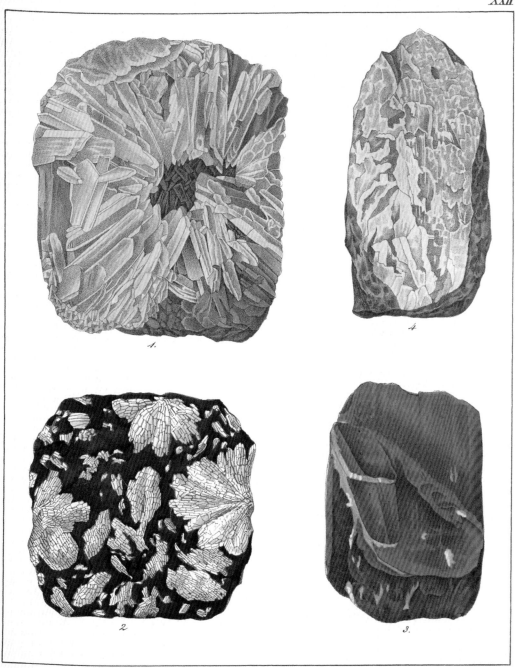

1. Strahlgyps. 2. Schaumgyps. 3. Gypskrystall. 4. Anhydrit.

1-3. 重晶石　4. 硬石膏

Flußspathe.

蛍石

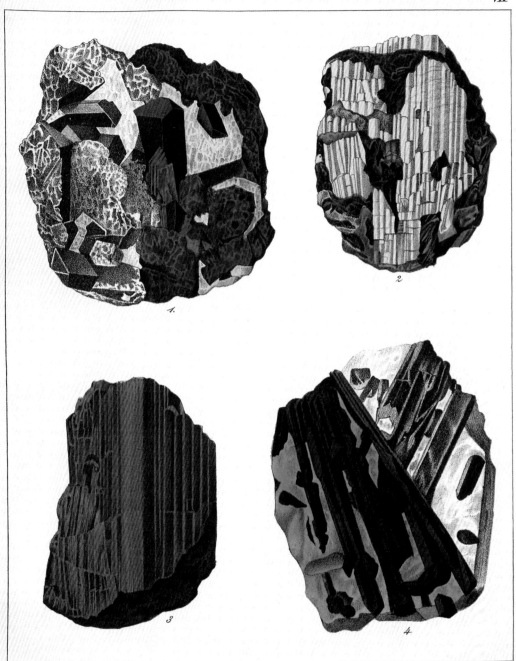

1. Epidot. 2. Pijcnit. 3. Vesuvian. 4. Schörl.

1. 緑簾石　2. 脈状トパーズ　3. ベスブ石　4. トルマリン（黒）

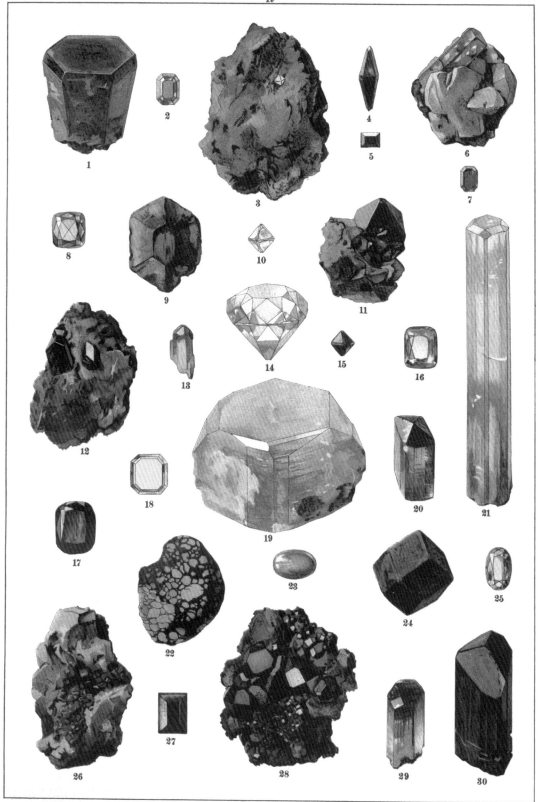

126-127頁　Franz Matthes, *Illustrierte Naturgeschichte der drei Reiche*（図説・三領域の博物誌）Gustav Weise, Stuttgart, Germany, 1893-1894
1, 2. サファイア　3. ダイヤモンド　4, 5. ルビー　6, 7. エメラルド　8, 9.　クリソベリル　10. ダイヤモンド　11. スピネル　12. ジルコン　13. ユークレーズ　14. ダイヤモンド　15. スピネル　16. ベリル　17. ジルコン　18, 19, 20. トパーズ　21. アクアマリン　22, 23. トルコ石　24. 柘榴石　25. ベリル　26. エメラルド　27, 28. 柘榴石　29, 30. トルマリン

1. 煙水晶　2. 水晶　3. 紫水晶　4. カーネリアン（紅玉髄）　5. モス・アゲート　6. カルセドニー　7. 瑪瑙　8. オパール　9. 方解石　10. オパール　11.方解
石　12.大理石　13.あられ石　14. ブラッド・ストーン（ジャスパー）

128-145頁　Reinhard Brauns, *Das Mineralreich*（鉱物の王国）Fritz Lehmann Verlag, Stuttgart, Germany, 1903

1a, b. 白鉛鉱（Friedrichssegen, Ems, Nassau, 独）　2. 白鉛鉱（Perm, Ibbenbüren, Westfalen, 独）　3. 白鉛鉱（San Giovanni, Gonnesa, Iglesias, Sardinia, 伊）　4. 白鉛鉱（Friedrichssegen, Ems, Nassau, 独）　5-9. ホスゲン石（Monteponi, Iglesias, Sardinia, 伊）　10-12. 硫酸鉛鉱（Monteponi, Iglesias, Sardegna, 伊）　13. 紅鉛鉱（Dundas, Tasmania, 豪）

1, 2, 4.緑鉛鉱（Friedrichssegen, Ems, Nassau, 独）　3.緑鉛鉱（Pribram, チェコ）　5.緑鉛鉱（Kautenbach, Bernkastel, Rheinland-Pfalz, 独）6-9.黄鉛鉱（Johann-georgenstadt, Sachsen, 独）　10, 11.モリブデン鉛鉱（Bleiberg, Kärnten, オーストリア）　12, 13.モリブデン鉛鉱（Red Cloud mine, Yuma Co., Arizona, 米）　14. モリブデン鉛鉱（Pribram, チェコ）

1. 針鉄鉱 (Florissant, Colorado, 米)　2. 針鉄鉱 (Siegen, Nordrhein-Westfalen, 独)　3. 褐鉄鉱 (Luise, Horhausen, Rheinland-Pfalz, 独)　4. 褐鉄鉱 (Siegen, Nordrhein-Westfalen, 独)　5. 褐鉄鉱 (Roßbach, Puderbach, Westerwald, 独)　6. 褐鉄鉱 (Auggen, Baden-Württemberg, 独)

1. 菱マンガン鉱（Biersdorf, Altenkirchen, Rheinland-Pfalz, 独）　2. 菱マンガン鉱（Oberneisen, Nassau, 独）　3. 菱マンガン鉱（John Reed, Alicante, Lake Co., Colorado, 米）　4. ハウスマン鉱（Oehrenstock, Ilmenau, Thüringen, 独）　5, 6, 7. 水マンガン鉱（Ilfeld, Harz, 独）

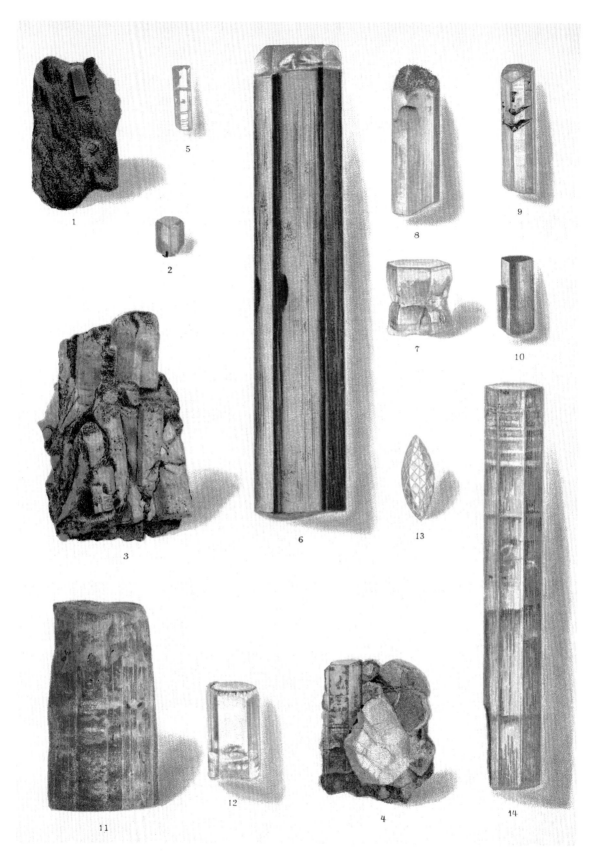

1. エメラルド（Habachthal, Salzburg, オーストリア）2, 4. エメラルド（Muzo近郊, Bogota, コロンビア）3. エメラルド（Ural, 露）5. 緑柱石（Shaitanka近郊, Ekaterinburg, Ural, 露）6. 緑柱石（ゴールデンベリル　Mursinsk, Ekaterinburg, Ural, 露）7. 緑柱石（Mursinsk, Ekaterinburg, Ural, 露）8. アクアマリン（緑柱石　Nerchinsk, Transbaikalia, 露）9. アクアマリン（緑柱石　Adun-Chalon山地, Nerchinsk, Transbaikalia, 露）10. 緑柱石（青色　Slieve Corra, Mourne山地, Co. Down, アイルランド）11. 緑柱石（青色　Adun-Chalon山地, Nerchinsk, Transbaikalia, 露）12. 緑柱石（薄黄緑色　Borshchovochnoi 山地, Nerchinsk, Transbaikalia, 露）13. アクアマリン（緑柱石　カット）14. アクアマリン（緑柱石　Adun-Chalon山地, Nerchinsk, Transbaikalia, 露）

1. 緑柱石(Huhnerkobel, Rabenstein近郊, Zwiesel, 独) 　2. 緑柱石(Meclov, チェコ) 　3. ヘルビン(Schwarzenberg, Sachsen, 独) 　4. 金緑石(Greenfield, Saratoga Co., New York, 米) 　5. 金緑石 (Maine, 米) 　6. 金緑石 　7, 8. 金緑石 (Takovaya, Ekaterinburg近郊, Ural , 露) 　9. フェナカイト (Takovaya, Ekaterinburg近郊, Ural, 露) 　10. フェナカイト (Mount Antero, Chaffee Co., Colorado, 米) 　11. フェナカイト (Kammerfos, Kragero, ノルウェー) 　12a, b. ユークレース (Sanarka, Orenburg, Ural, 露) 　13a, b. ユークレース (Boa Vista, Ouro Preto, Minas Geraes, ブラジル)

1-3. トパーズ（Schneckenstein, Auerbach近郊, Sachsen, 独）　4. トパーズ（Urulga, Nerchinsk, Transbaikalia, Siberia, 露）　5, 6. トパーズ（Makrushi山, Alabashka近郊, Mursinsk, Ural, 露）　7. トパーズ（Mursinsk, Ural, 露）　8a, b. トパーズ（Sanarka, Govt. Orenburg, 露）　9. ローズ・トパーズ（Minas Geraes, ブラジル）　10. トパーズ（Minas Geraes, ブラジル）　11. トパーズ（Adun-Chalon, Nerchinsk, Transbaikalia, Siberia, 露）　12. トパーズ（Nathrop, Colorado, 米）　13, 14. トパーズ（カット）

1. 灰礬柘榴石（スリランカ）　2. 灰礬柘榴石（カット）　3. 柘榴石（Val d'Ala, Piemonte, 伊）　4. 灰礬柘榴石（Mussa-Alp, Val d'Ala, Piemonte, 伊）
5, 6. 灰礬柘榴石（グロシュラー・ガーネット　Wilui, Yakutsk, Siberia, 露）　7. 灰礬柘榴石（Xalostoc, Morelos, メキシコ）8. 灰鉄柘榴石（Cziklowa, ハンガリー）　9. 黒柘榴石（Frascati, Colli Albani, Roma, 伊）　10. 灰クロム柘榴石（Saranovskaya, 北Ural, 露）　11. 鉄礬柘榴石（Granatenkogel, Gurgl, Ötztal, オーストリア）　12. 鉄礬柘榴石（グリーンランド）　13. 鉄礬柘榴石（Fort Wrangell, Alaska, 米）　14a, b. 鉄礬柘榴石（カット）　15. 鉄礬柘榴石（Dognacska, ルーマニア）　16. 苦礬柘榴石（Zöblitz, Sachsen, 独）　17. デマントイド（カット）

1-17. 全てトルマリン　1.（黒　San Piero in Campo, Elba, 伊）　2.（ローズレッド　San Piero in Campo, Elba, 伊）　3.（茶　Dravograd, スロベニア）　4.（青緑 Minas Geraes, ブラジル）　5.（黒　Hörlberg, Lam近郊, Bayerischer Wald, 独）　6.（ルベライト　Sarapulka, Mursinsk近郊, Ural, 露）7.（中が赤、外側が緑 Minas Geraes, ブラジル）8.（ルベライト　Pala, San Diego Co., California, 米）9.（インディコライト　カット）10.（薄緑　Campo longo, St. Gotthard, スイス） 11.（黒　Nedre-Havredahl, Kragero近郊, Bamle, ノルウェー）　12.（茶　Gouverneur, St. Lawrence Co., New York, 米）　13.（San Piero in Campo, Elba, 伊）　14.（茶　カット）15.（ローズレッド、下部が緑　San Piero in Campo, Elba, 伊）16.（緑　カット）17.（深緑　Minas Geraes, ブラジル）

1. 束沸石（フェロー諸島） 2. 灰十字沸石（Stempel, Marburg, Hessen, 独） 3. 重十字沸石（Sankt Andreasberg, Harz, 独） 4. ソーダ沸石（Hohentwiel, Baden-Württemberg, 独） 5. ソーダ沸石（Ústí nad Labem, チェコ） 6. トムソン沸石（Kilpatrick, Dumbartonshire, 英） 7. ぶどう石（Col Rodella, Trento, 伊） 8. ぶどう石（Le Bourg-d'Oisans, Isère, 仏） 9. ダトー石（Serra dei Zanchetti, Bologna, 伊）

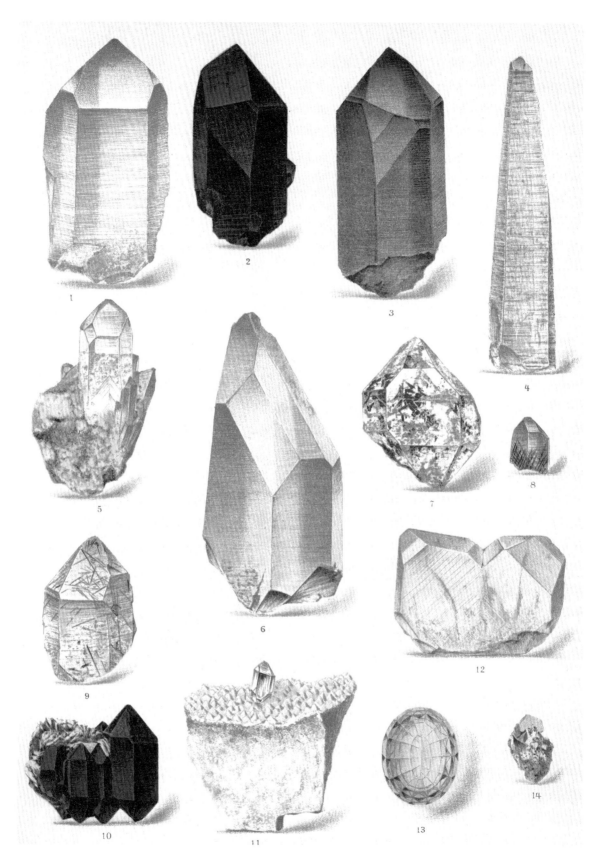

1. 水晶（Hot Springs, Arkansas, 米）　2, 3. 煙水晶（St. Gotthard, スイス）　4. 水晶（金峰山, 山梨県, 日本）　5. 水晶（産地不詳）　6. 水晶（Goyaz, ブラジル）　7. 水晶（コールタール入り　Herkimer, New York, 米）　8. 水晶（ルチル入り　Tavetsch, スイス）　9. 水晶（ルチル入り）　10. 煙水晶（「モリオン」Mursinsk, Ekaterinburg, Ural, 露）　11. 水晶（Carrara, Toscana, 伊）　12. 水晶（金峰山, 山梨県, 日本）　13. 黄水晶（カット）　14. 鱗珪石（Zovon di Vo, Euganean, Padova, 伊）

1. 水晶（Cleator Moor, Cumberland, 英）　2. 水晶（Zinnwald, Erzgebirge, 独）　3, 4. 水晶（Mari, Salt Range, Punjab, インド）　5. 水晶（Java, インドネシア）　6. 水晶（Monte Amiata, Toscana, 伊）　7. 水晶（Pforzheim, Baden-Württemberg, 独）　8, 9. 水晶（「エイセンキーセル」Santiago de Compostela, Galicia, スペイン）　10. 水晶（「エイセンキーセル」Sundwig, Iserlohn, Nordrhein-Westfalen, 独）　11. 水晶（Streitfeld, Usingen, Taunus, 独）　12a, b. 水晶（Cornwall, 英）　13. ホークアイ（Griquatown, Orange River, 南アフリカ）　14. タイガーアイ（Griquatown, Orange River, 南アフリカ）　15, 16. キャッツアイ（カボッションカット）　17. ブラッドストーン（加工品）　18, 19. クリソプレーズ（19はカボッションカット　Ząbkowice Śląskie, ポーランド）

1. 紫水晶 (Iredell Co., North Carolina, 米)　2. 紫水晶 (ブラジル)　3. 紫水晶 (Minas Geraes, ブラジル)　4. 紫水晶 (Siberia, 露)　5. 紫水晶 (ブラジル)
6, 7. 紫水晶 (Zillerthal, Tyrol, オーストリア)　8. 紫水晶 (ブラジル)　9. 黄水晶 (Minas Geraes, ブラジル)

1. オパール（Steinheim, Hanau, 独）　2. ファイアーオパール（Cerro de Villa Secca, Zimapan, メキシコ）3. オパール化した珪化木（Clover Creek, Lincoln Co., Idaho, 米）　4. ハイアライト（Valeč v Čechách, チェコ）5. ノーブルオパール（Červenica, スロヴァキア）　6, 7. ノーブルオパール（Barcoo River, Queensland, 豪）　8. ノーブルオパール（メキシコ）　9, 10. 玉髄（アイスランド）

1. 赤銅鉱（Siegen, Arnsberg, 独）　2, 3. 赤銅鉱（Phoenix, Cornwall, 英）　4. 赤銅鉱（Chessy, 仏）　5, 6, 8. 孔雀石（Gumeshevsk, Ural, 露）　7. 孔雀石（Medno-Rudiansk, Nizhni-Tagilsk, Ural, 露）　9. 孔雀石（オーストリア）　10. 孔雀石（Morenci, Arizona, 米）

1. 藍銅鉱（Chessy, 仏） 2. 藍銅鉱（Copper Queen mine, Bisbee, Arizona, 米） 3, 4. 翠銅鉱（Kirghiz Steppes, Siberia, 露） 5-7. アタカマ石（Burra, South Australia, 豪） 8. ユークロイト（Ľubietová, スロヴァキア） 9. 硫酸銅（II）（人工的に石英の上につくられた結晶か）

1. 魚眼石（Theigarhorn Berufjord, アイスランド）　2. 魚眼石（Pune, Maharashtra, インド）　3. 魚眼石（Sankt Andreasberg, Niedersachsen, 独）　4. 魚眼石（Nashik, Maharashtra, インド）　5. 魚眼石（Pune, Maharashtra, インド）　6. 魚眼石（Paterson, New Jersey, 米）　7. 魚眼石（Alpe di Siusi, Bolzano, 伊）　8. 菱沸石（Sandur, フェロー諸島）　9. 菱沸石（Rubendorfel, Liberecky kraj, チェコ）　10. 菱沸石（Nova Scotia, カナダ）　11. 方沸石（Lake Superior, Michigan, 米）　12. 方沸石（Alpe di Siusi, Bolzano, 伊）　13. 輝沸石（アイスランド）

1-9. 全て方解石（Egremont, Cumbria, 英） 2.（Rabenstein, Chemnitz, Sachsen, 独） 3.（Bolañitos, Guanajuato, メキシコ） 4.（Joplin, Jasper Co., Missouri, 米） 5.（Egremont, Cumbria, 英） 6.（Matlock, Derbyshire, 英） 7, 8, 9.（Auerbach, Bergstraße, Hessen, 独）

鉱物・宝石画切手

鉱物画の伝統を一般向けの印刷物の世界で最後に継承したのは、1960年代から21世紀初頭の切手だといえるかもしれない。カラー写真が普及して以降、図鑑や学術書から絵画がだんだんと姿を消していくが、切手は、小さな面積に、ある程度省略した濃淡や色彩の表現で効果的に図版を見せることが求められるため、絵描きの腕の見せ所だった。最近は写真をデジタル加工した図版が多くなり、切手の世界からも手描きの鉱物画は姿を消しつつある。148、149頁のギニア・ビサウの切手の原画は、ロシアの鉱物学者Victor SlyotovとイラストレータVladimir Makarenkoによる鉱物画だ。
切手は全て原寸で表示している。

キルギスタン、1994年
左上から右下へ、方解石、ゲッチェル鉱、重晶石、雄黄、輝安鉱、辰砂

ニュージーランド、1982年
左上から右下へ、黄鉄鉱、ネフライト、赤玉髄、瑪瑙、
紫水晶、自然硫黄

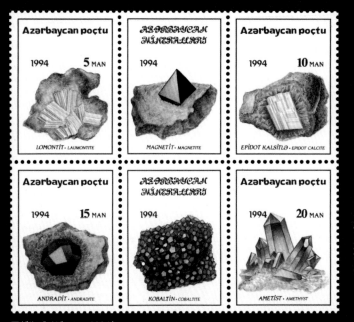

アゼルバイジャン、1994年
左上から右下へ、濁沸石、磁鉄鉱、緑簾石・方解石、灰鉄柘榴石、輝コバルト鉱、
紫水晶

ベラルーシ、2000年
左上から右下へ、 カリ岩塩、岩塩、フリント、琥珀

ソビエト社会主義共和国連邦、1963年
（左上から右下へ、トパーズ、孔雀石、エメラルド、
ロードナイト、ジャスパー）

モザンビーク、1971年
上から、ヴェルデライト（ト
ルマリン）、コルバイト、
ジルコン緑柱石（ベリル）、
ジルコン、安タンタル石

ケニヤ、1977年
左上から右下へ、方鉛鉱、珪化木、藍晶石、蛍石、
アマゾナイト（天河石）、トロナ、ルビー、ト
ルマリン、ロードライト・ガーネット、紫水
晶、瑪瑙、サファイア、グリーン・ガーネット、
アクアマリン）

SWA 1c

Gips · Gypsum CaSO₄·2H₂O
J. van Niekerk 1989

SWA 7c

Kupriet · Cuprite Cu₂O
J. van Niekerk 1989

SWA 2c

Fluoriet · Fluorite CaF₂
J. van Niekerk 1989

SWA 20c

Dioptaas · Dioptase CuSiO₃·6H₂O
J. van Niekerk 1989

SWA 5c

Mimetiet · Mimetiet Pb₅(AsO₄)₃Cl
J. van Niekerk 1989

SWA 45c

Wulfeniet · Wulfenite PbMoO₄
J. van Niekerk 1989

SWA 18c

Boltwoodiet · Boltwoodiet K₂H₂O(UO₂SiO₄)
J. van Niekerk 1989

SWA 10c

Azuriet · Azurite Cu₃(CO₃)₂(OH)₂
J. van Niekerk 1989

南西アフリカ（ナミビア）、1989年
左上から右下へ、石膏、赤銅鉱、蛍石、翠銅鉱、ミメット鉱、モリブデン鉛鉱、ボルトウッド石、藍銅鉱

ROYAUME DU CAMBODGE
POSTES 1998
200R 1000$
ACQUA MARINE

ROYAUME DU CAMBODGE
POSTES 1998
4000R 4000$
RUBIS

カンボジア、1998年
上から、アクアマリン、ルビー

550 FCFA 2009
Crisoberilo e variante Alexandrite
GUINÉ-BISSAU

450 FCFA 2009
Cristal de Flourite com Quartzo
GUINÉ-BISSAU

ギニアビサウ、2009年
左上から右下へ、金緑石，蛍石、水晶、トパーズ、紫水晶、雄黄、曹長石、硫黄と天青石、トルコ石、アクアマリン、ラン鉄鉱

800 FCFA 2009
Quartzo
GUINÉ-BISSAU

900 FCFA 2009
Cristal de Topázio
GUINÉ-BISSAU

800 FCFA 2009
Ametista
GUINÉ-BISSAU

Orpiment. Barite em dolomite
1000 FCFA 2009
GUINÉ-BISSAU

Albite. Clinohumite
450 FCFA 2009
GUINÉ-BISSAU

Sulfur. Celestite
1000 FCFA 2009
GUINÉ-BISSAU

Turquoise Concretion
350 FCFA 2009
GUINÉ-BISSAU

Aquamarine Beryl com Schorl
350 FCFA 2009
GUINÉ-BISSAU

Cristais Vivianite
450 FCFA 2009
GUINÉ-BISSAU

ギニアビサウ、2009年
左上から右下へ、孔雀石、煙水晶、水晶と蛍石、紫水晶、ラン鉄鉱、トルマリン・トパーズ・弗素燐灰石・リチア雲母、緑柱石、
蛍石と水晶

ギニアビサウ、2009年
左上から右下へ、トルマリンと水晶、トルマリン、蛍石と水晶、水晶、リチア電気石とリチア雲母、黄銅鉱と銅藍

ウルグアイ、1971年
左上から右下へ、玉髄、瑪瑙、紫
水晶

アメリカ、1974年
左上から右下へ、紫水晶、珪化木、
菱マンガン鉱、トルマリン

ポーランド、1993年
琥珀（虫入り）

モナコ公国、1990年　左上から右下へ、曹長石、水晶、板チタン石、金紅石、鋭錐石、緑泥石

ザイール、1983年　左上から右下へ、赤銅鉱、翠銅鉱、車骨鉱、孔雀石、ダイヤモンド、錫石、水晶、ウラニウムと閃ウラン鉱、自然金

ドイツ民主共和国（東ドイツ）、1972年　左上から右下へ、石こう（Eisleben）、チンワルド雲母（Zinnwald, Erzgebirge）、孔雀石（Ullersreuth、Vogtland）、紫水晶（Wiesenbad、Erzgebirge）、岩塩（Merkers、Rhön）、淡紅銀鉱（Schneeberg、Erzgebirge）

ドイツ民主共和国（東ドイツ）、1972年　上から、蛍石、自然銀、方解石

ドイツ民主共和国（東ドイツ）、1965年　左から、瑪瑙、紫水晶、縞のあるジャスパー（全てFreiberg 鉱山アカデミーのコレクション）

ドイツ民主共和国　（東ドイツ）、1965年　左から、淡紅銀鉱、硫黄

ブルガリア　1995年　左上から右下へ、水晶、緑鉛鉱、方解石、鉄礬柘榴石、閃亜鉛鉱、瑪瑙

ジャージー代官管轄区、2010年
左上から右下へ、砕けたペグマタイトと正長石が玉髄で
再接着された石、煙水晶、輝水鉛鉱、ペグマタイトの中
の脈状に白雲母と長石と水晶、花崗岩・安山岩・頁岩を
含む礫岩、安山岩中のジャスパー、球状閃緑岩、花崗岩

チェコスロヴァキア、1968年　瑪瑙

チャド、1999年
左から右下へ、モリブデン鉛鉱、藍銅鉱、
輝銀鉱、菱鉄鉱

アフガニスタン、1988年　左から、ラピスラズリ、ルビー、エメラルド

スイス、1959-60年　左から藍銅鉱、瑪瑙、ベルデライト（緑のトルマリン）、紫水晶

フランス領南方・南極地域
左上から右下へ、アメジスト（2020年）、
カルセドニー（2021年）、蛇紋石（2022
年）、アルベゾン閃石（2023年）
全て左が原石、右が加工されたもの。

フランス領南方・南
極地域
左上から右下へ、菫青
石（1994年）、紫水晶
（1997年）、水晶（1998
年）、あられ石（1990
年 ）、 中 沸 石（1989
年）、瑪瑙（2005年）、
天河石（1996年）、カ
ンラン石（1995年）、
鉄礬柘榴石（1993年）

フランス、1986年
左から、白鉄鉱、
水晶、方解石、
蛍石

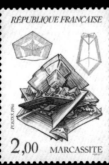

アルジェリア、1983年
左上から右下へ、岩塩，
石膏（サハラのバラ）、
蛍石、瑪瑙

オーストラリア、1973年
スター・サファイア、オパール、瑪瑙、ロー
ドナイト、クリソプレーズ

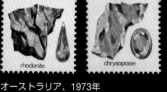

フィンランド、1986年
左から、ラパキビ花崗岩、含
脈片麻岩、球状花崗岩

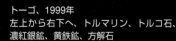

トーゴ、1999年
左上から右下へ、トルマリン、トルコ石、
濃紅銀鉱、黄鉄鉱、方解石

ガーナ、1986年　左から、金鉱石、
ダイヤモンド、ボーキサイト鉱石

マラウィ、1980年　左から、藍晶石、
日長石（サンストーン）、煙水晶、瑪瑙

URANIUM ORE

ZAMBIA 42n

TOURMALINE

ZAMBIA 32n

AMAZONITE

ZAMBIA 28n

COBALTOCALCITE

ZAMBIA 18n

ザンビア、1982年
左から、ウラニウム鉱、
トルマリン、アマゾナイ
ト、コバルト方解石

COAL
Zimbabwe 1993
90c

AZURITE (Copper)
Zimbabwe 1993
77c

AUTUNITE (Uranium)
Zimbabwe 1993
25c

EMERALD
Zimbabwe 1993
$1.16

GOLD
Zimbabwe 1993
98c

CHROMITE (Chrome)
Zimbabwe 1993
59c

ジンバブエ、1993年
左上から右下へ、石炭、藍銅鉱、燐
灰ウラン石、エメラルド、金、クロ
ム鉄鉱

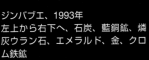

REPÚBLICA PORTUGUESA
BARITS Ponte-Alexandre
5$00
CORREIOS
ANGOLA

REPÚBLICA PORTUGUESA
CORREIOS
4$50
MOSCOVITE Dundo
ANGOLA

REPÚBLICA PORTUGUESA
CORREIOS
1$50
DIOPTASE - Mavoio
ANGOLA

REPÚBLICA PORTUGUESA
CORREIOS
2$50
DIAMANTE - Lunda
ANGOLA

REPÚBLICA PORTUGUESA
CORREIOS
1$00
FERRONETEORITO (Octaedrito) - Otchinjau
ANGOLA

SLOVENSKO
DRAHÝ OPÁL Z DUBNÍKA
€ 0,60

SLOVENSKO
0,60 €
ŽEZLOVÝ KREMEŇ ZO ŠOBOVA

アンゴラ、1970年
上から下へ、重晶石、
白雲母、翠銅鉱、
ダイヤモンド、鉄隕石

スロヴァキア、2013年
左：Dubnik産プレシャス・オパール、
右：Sobov産松茸水晶

TERMÉSRÉZ CUPRUM
RUDABÁNYA
MAGYAR POSTA
3 Ft
VARGA P.

KUPRIT
RUDABÁNYA
MAGYAR POSTA
5 Ft
VARGA P.

SZFALERIT · NAGYLÁPAFÖ
GREENOCKIT · KALCIT
MAGYAR POSTA
60 f
VARGA P.

ハンガリー、1969年
左から右へ、自然銅、
赤銅鉱、硫カドミウム鉱と方解石

解説とあとがき

　本書は2016年に刊行された『美しいアンティーク鉱物画の本』（創元社）を大幅に増補改訂したものだ。前版は四六判というコンパクトな判型だったが、これをB5判に拡大し、図版もオリジナルのサイズに近い形で収録している。それぞれの図版の出典については各頁に記載しているが、以下、掲載図版が収録されていた書籍について簡単に解説したい。

　表紙、扉の単色の図版は、デザイン処理しているが、元は単色の銅版画で、1852年にニューヨークのR. Garrigueから出版された *Iconographic encyclopaedia of science, literature, and art* 掲載のものだ。これは動植物から民族学、医学、天文学、機械工学など、様々な分野を網羅したテキストと図版各5巻構成の百科事典で、1844年にドイツで刊行された *Bilder-Atlas zum Conversations-Lexicon. Ikonographische Encyklopädie der Wissenschaften und Künste* の英語版として出版された。編纂者でもある Johann Georg Heck による緻密な図版が満載の事典だ。

　6〜9頁の図版は *Meyers Konversations-Lexikon*（マイヤー百科事典）のカラー挿絵だ。『ブロックハウス百科事典』と並ぶドイツのメジャーな百科事典であった『マイヤー百科事典』は1839年に第1版の刊行が開始された。知識層、富裕層だけでなく、広く一般読者に向けた編集を志向し、視覚的な理解を重視して豊富な図版を収録していた。1885年から刊行された第4版からはクロモリトグラフによる図版を豊富に収録し、1902〜1908年に刊行された第6版で質、量ともにひとつの完成をみた。ここに収録された二枚はそれぞれ4版、6版からのものだが、いずれも4版から収録されていたもので、4、5頁は「鉱物」の項目、6、7頁は「宝石」の項目に付随する図版だ。

　10、11頁のクロモリトグラフにはR. S. Peale、1897年のコピーライト表示が入っているが、これは、当時何パターンか存在したイギリスの『ブリタニカ百科事典』の海賊版で、この図版は米版で独自に加えたものだった。図版のオリジナルは1886年にドイツで刊行されたオーストリアの古生物学者 Melchior Neumayr（1845-1890）の著書 *Erdgeschichte*（地史学）の挿絵だ。The Werner Company という米オハイオ州の印刷会社のクレジットが入っているが、このコンビは数回海賊版エディションを出していて、この図版も二、三度用紙や文字組みなどを変えて刷られている。

　12、13頁の図版はフランスの辞書・事典出版で有名なラルースが1907〜1910年にかけて刊行した事典 *Le Larousse pour tous : nouveau dictionnaire encyclopédique* から。これはラルースが刊行していた百科事典をダイジェストにして一般向けに刊行した2巻本だったが、テキストも図版も1897年に刊行された *Nouveau Larousse illustré* のものが使われている。*Nouveau Larousse illustré* は、既に百科事典を刊行していたラルースが、ビジュアル百科事典の流行に合わせて図版満載で全7巻プラス付録1巻で刊行したものだ。線画に水彩でざっくり彩色した絵がベースになっているため、どこかマンガっぽさが感じられる。同時代のドイツのものと比較すると表現の違いが際立って面白い。

　14〜21頁の見開き図版は、1906〜1913年にドイツとオーストリアで刊行された全10巻の図鑑 *Der Mensch und die Erde*（人間と地球）からのもので、地学・動植物学・人類学を総合した、豊富なカラー図版を含む図鑑だ。5、6巻が「人と鉱物」となっており、ここに紹介したものはその巻からとられたものだ。メタリック・インクを複数使用した、高品質のクロモリトグラフだ。

22〜37頁は、ドイツの鉱物学者であったGustav Adolf Sauer（1852-1932）の1906年の著作 *Mineralkunde*（鉱物学）からで、この本は26枚の美しいクロモリトグラフの挿画で知られる。Sauer はシュトゥットガルト工科大学教授を務めた人物で、リーベック閃石の発見・命名者としても知られる。本書の図版は仏ソルボンヌ大学の化学者F. Leteur の *Traité Élémentaire de Minéralogie Pratique*（1907）とチェコのAlexander Bernard の *Atlas Minerálů*（1907）にも使われている。カラー写真のない時代、画家は実物を見て描かねばならないため、原画は貴重であり、高品質な印刷ができる工房も限られていたため、他の本に使われていた図版を自国の別の本に使うというのはよくあることだった。この図版には十数色使われており、画家による原画をクロモリトグラフで刷った鉱物図版としては再晩期の、そしてもっとも高品質なもののひとつといえる。

38頁の図版は、1889年から1911年にニューヨークのCentury Companyから刊行されていた百科事典 *The Century Dictionary and Cyclopedia*（センチュリー事典）の、1904年の版からとられたものだ。全10〜12巻の仕様で刊行されていたときのもので、各巻の巻頭にクロモリトグラフの口絵が数枚収録されている。

39頁は、1920-22年にイギリスで刊行されたJohn Alexander Hammertonが編纂した百科事典 *Harmsworth's Universal Encyclopaedia*（ハームズワース百科事典）の図版で、原画は絵だが、網点スクリーンによる4色かけ合わせの印刷だ。この百科事典は英語圏で1200万部を売り上げたという。

40〜51頁は、コンパクトな図版本シリーズとして有名なドイツの「インゼル文庫」の一冊で、1938年に刊行された *Das kleine Buch der Edelsteine*（宝石の小さな本）から。インゼル文庫は初期はクロモリトグラフで刷られたが、この時期のものは4色分解ではない、アミ点スクリーン、オフセット印刷による多色刷りが用いられている。

52、53頁は、フランスの動物学者として有名なGeorges Cuvierの弟で、やはり動物学者であった Frédéric Cuvierが中心になって編纂した全60巻にもおよぶ *Dictionnaire des sciences naturelles*（自然科学事典）（1816〜1830刊）から。原画は博物画家であった Jean-Gabriel Prêtre（1768-1849）、銅版印刷に手彩色したものだ。

54〜58頁は、ドイツで1858年に発行されたJohann Gottlob von Kurr（1798-1870）による *Das Mineralreich in Bildern*（絵で見る鉱物の世界）から。Kurrは医者であり、後に博物学を教え、さらにシュトゥットガルト工科大学の鉱物学の教授となる。23の図版頁に225の鉱物画と結晶の形が掲載されている。本書は刊行翌年には英語版、フランス語版が出版されている。当初は銅版印刷に手彩色（メタリック・インクのみ印刷）であったが、第2版（1868）以降は印刷による着色となっている。また、1878年に刊行された第3版からは、Gustav Adolph Kenngott（1818-1897）によって本文が大きく改訂されている。Kenngottはチューリッヒ工科大学の教授を務めた人物で、鉱物学関連の著作が多い。第3版の序文で彼は図版に関して、鉱物の色彩や透明感の再現性に不安があったと記している。これが手彩色から多色印刷に変わることへの不安なのか、初版から続く問題なのかはわからない。本書3頁に第3版の表紙を掲載したが、地下に住む小人の妖精たちの姿が描かれており、本書が専門家というより広く一般読者向けに刊行されていたことが伺える。

59、60頁の図版が収録された *Illustrierte Mineralogie*（図解鉱物学）は、G. H. von Schubertによる *Naturgeschichte*（博物学）というシリーズ本の中の一冊として刊行されたものだが、実質的には上記の *Das Mineralreich in Bildern* の新版であり、図版も同じものが使われている。Kenngottによる序文では第3版からほとんど内容には手を加えていない旨が記されている。この後も表紙を変えて版を重

ねている。印刷は第3版同様、銅版画に石版による簡易な彩色を加えたもので、手彩色の初版と比べると、全体に平板な印象があるが、図版によっては線画の濃淡が絵の具で潰れることなく見えることによって、ディテールが分かりやすいものもあり、そうしたものを2枚選んでみた。

　61頁の図版が掲載された*F. Martin's Naturgeschichte*（F. マルティンの博物誌）は19世紀中盤から刊行されてきた、一般向けのコンパクトな博物学書で、博物学の諸分野を一冊にまとめた書籍の先鞭をつけたものといえる。1861年にはアメリカで英語版も刊行されている。この鉱物画は1901年に刊行された大判の新編からのもので、クロモリトグラフで刷られている。

　62、63頁は*Imperial Dictionary of the English Language*（帝国英語辞典）は19世紀半ばにスコットランドで刊行開始された百科事典で、図版を多く掲載した百科事典のさきがけとして知られる。ただし、内容はアメリカのウェブスターの*An American Dictionary of the English Language*を無断で転載し、項目をつけ加えたものだった。1882年には項目数を増やした改訂版が4巻本で刊行されたが、刊行時は英語の百科事典としては最大のボリュームであった。掲載された図版は1906年に刊行された版からで、クロモリトグラフで刷られている。

　66～73頁は、マールブルク大学の鉱物学の教授であったMax Bauer（1844-1917）の1909年の著作*Edelsteinkunde*（宝石学）から。Bauerには鉱物学の大著*Lehrbuch der Mineralogie*（1904）があるが、本書は宝石についての本で、美しいクロモリトグラフの口絵が8頁入っている。66頁の母岩中のダイヤモンド、69頁のヘソナイトなど、その後様々な書籍に使われている。

　74～79頁はGeorge Frederick Kunzの1890年の著作*Gems and precious stones of North America*（北米の宝石と貴石）から。Kunzはアメリカの著名な鉱物学者であり、宝石商のティファニーの副社長に弱冠23歳で就任したことでも知られている。ほぼ独学で鉱物学・宝石学を学び、鉱物・宝石の文化史に関する博学は今日に至っても他の追従をゆるさない。本書は北米の宝石類に関する書籍で、繊細で美しいクロモリトグラフの口絵が8枚入っている。

　80、81頁の絵は、Kunzが1907年に発表した*History of the gems found in North Carolina*（ノースカロライナ産の宝石の歴史）収録のクロモリトグラフの口絵。画家は前掲書と同じで、描かれている標本も一部重なっている。

　82～101頁はJames Sowerby（1757-1822）の二種の書籍から。Sowerby家はイギリスの博物学図版の世界では有名な家系だが、Jamesはその初代だ。父親が宝石細工職人で、石には馴染みが深かったはずだが、植物画で博物画家としての地位を確立する。*British Mineralogy*（英国の鉱物学）は1802年から1817年の間に分冊で刊行され、5巻本にまとめられていることが多い。銅版印刷に手彩色された図版が550点と、かつてないボリュームでイギリスの鉱物を紹介した本で、Sowerby自身が受注販売した。*Exotic Mineralogy*（異国の鉱物学）は同時期に作成された、海外の鉱物を紹介する本だが、こちらは全2巻にとどまっている。ちなみに、彼の孫のHenry Sowerby（1825-1891）は1850年に*Popular Mineralogy*という、やはりカラー図版入りの本を出している。

　102～107頁の図版は1869年に刊行されたLouis Simonin（1830-1886）の*Underground life : or, Mines and miners*（地下の生活）に収録された図版だが、これは1867年にフランスで刊行された*La vie souterraine, ou, Les mines et les mineurs*の英訳版だ。Louis Simoninはマルセイユ生まれの鉱山技師で、本書は世界各地の鉱山で仕事をした経験を元に書かれた、図版満載の書物だ。様々な鉱山内部の様子や坑夫の生活、道具など、非常に精細な銅版画で再現されている。10枚のクロモリトグラフによる鉱物画が収録されている。

108〜119頁の図版が収録された本 *Mineralogie*（鉱物学）の著者、August Schleyer（1850-1931）は、動植物に関する図鑑を複数出しているが、これも一般向けのコンパクトな鉱物図鑑だ。水彩画が原画のクロモリトグラフが30枚、170の鉱物画が収録されている。この絵はその後、イギリスの鉱物学者でロンドン自然史博物館のキュレーターだった Leonard James Spencer（1870-1959）の著作 *World's Minerals*（1911）にレイアウトを組み換えて再録され、英・米両国で出版されて版を重ねた。イタリアでも Ettore Artini の *I Minerali*（1914）に、チェコでは Karel Kopecky の博物図鑑シリーズの中の一冊 *Mineralogie* に使われ、また、図版だけが Kobruv Prirucni 監修の *Atlas Mineralu*（1922）として販売されている。ドイツでもその後 Karl Schulz の *Mineralreich*（1923）で使用されるなど、最も広く流布した鉱物画のひとつだ。

120〜125頁の図版が収録された本 *Mineralienbuch*（鉱物の本）の著者F. A. Schmidt は博物学者で、化石に関する本も著している。本書には44枚の銅版印刷に手彩色による図版頁がある。多くは四角に成形された岩石標本で、絵の半分だけ彩色されたものがあるのもユニークだ。1850年と1855年の二つの版がある。

126、127頁の *Illustrierte Naturgeschichte der drei Reiche*（図説・三領域の博物誌）は、61頁の *F. Martin's Naturgeschichte* と同じタイプの一般向けの博物学書で、動物学、植物学、鉱物学の三つの分野をカラー図版とともに紹介したものだ。鉱物のカラー図版は5頁収録されているが、いずれも線画の上にクロモリトグラフで多色刷りをした、精細な図版だ。ロシア語、チェコ語版も刊行された。

128〜145頁の *Das Mineralreich* は、1903年に刊行された豪華な鉱物図鑑だ。1912年に先述のSpencerによって翻訳され、*Mineral Kingdom*（鉱物の王国）として英語版も出ている。著者 Reinhard Brauns（1861-1937）はドイツの鉱物学者で、ドイツ鉱物協会の設立メンバーでもあった当時の鉱物学会の重鎮だ。本書には90頁の図版頁があり、うち73頁分がクロモリトグラフで刷られたカラー印刷で、他にも写真や線画の図版が豊富に収録されている。豪華ではあるが、図版の多くは明らかにモノクロ写真をベースにしている。手描きの図版から写真への転換期の産物と言えるかもしれない。濃淡の表現に写真のグレーの網点を多用しているためか、クロモリトグラフとしては全体にやや色の鈍い印象がある。ただ、数種のメタリックインクを使い、写真をベースにしているため、図版は非常にリアルで、ここには収録できなかったが、それぞれの標本に詳細な解説がつけられている。この本の図版も、その後様々な形で再利用されている。

本書に収録されている図版は編者所蔵のものに加え、著作権が切れていて、所蔵者が複製を許可している、パブリックドメインのものを使用している。

増補版作成にあたり、アンティーク博物画を専門に取り扱っておられる dubhe の熊谷直樹氏に、図版の出典や修復方法についてご助言をいただいた。深く御礼申し上げたい。旧版からの企画・編集においてお世話になった創元社の山口泰生氏、小野紗也香氏にもあらためて感謝申し上げたい。

2023年10月15日

山田英春

編者略歴

山田英春 （やまだ・ひではる）

❖

1962年東京生まれ。国際基督教大学卒業。

書籍の装丁を専門にするブックデザイナー。瑪瑙などの模様石のコレクター。

古代遺跡、先史時代の壁画を撮影する写真家でもある。

著書に『巨石——イギリス・アイルランドの古代を歩く』(早川書房、2006年)、

『不思議で美しい石の図鑑』(創元社、2012年)、

『石の卵——たくさんのふしぎ傑作選』(福音館書店、2014年)、

『インサイド・ザ・ストーン』(創元社、2015年)、

『四万年の絵』(『たくさんのふしぎ』2016年7月号、福音館書店)、

『奇妙で美しい石の世界』(ちくま新書、2017年)、

『ストーンヘンジ——巨石文化の歴史と謎』(筑摩選書、2023年)

編書に『美しいアンティーク生物画の本——クラゲ・ウニ・ヒトデ篇』(創元社、2017年)、

『奇岩の世界』(創元社、2018年)、

『風景の石 パエジナ』(創元社、2019年)、

『花束の石プルーム・アゲート』(創元社、2020年)、

『縞と色彩の石 アゲート』(創元社、2022年)がある。

website: https://www.lithos-graphics.com/

増補愛蔵版 美しいアンティーク鉱物画の本

2023年11月20日第1版第1刷 発行

編　者———山田英春
発行者———矢部敬一
発行所———株式会社創元社

https://www.sogensha.co.jp/
本社▶〒 541-0047 大阪市中央区淡路町 4-3-6
Tel.06-6231-9010 Fax.06-6233-3111
東京支店▶〒 101-0051 東京都千代田区神田神保町 1-2　田辺ビル
Tel.03-6811-0662

ブックデザイン———山田英春
印刷所———図書印刷株式会社

©2023 YAMADA Hideharu, Printed in Japan
ISBN978-4-422-44040-8 C0044
〈検印廃止〉落丁・乱丁のときはお取り替えいたします。

〈出版者著作権管理機構 委託出版物〉 **JCOPY**

本書の無断複製は著作権法上での例外を除き禁じられています。
複製される場合は、そのつど事前に、出版者著作権管理機構
(電話 03-5244-5088、FAX 03-5244-5089、e-mail: info@jcopy.or.jp) の許諾を得てください。